Déchiffrer le Big Data, Simplement.

Acquérir les outils pour agir,
de la réflexion à l'usage.

Pierre Brunelle

Copyright © 2016 Pierre Brunelle

Tous droits réservés.

ISBN : 1-5394-0933-3

ISBN-13 : 978 1-5394-0933-5

Dépôt légal : 3ᵉ trimestre 2016

Aucune représentation ou reproduction, même partielle, autre que celles prévues à l'article L.122-5-2 2° et 30 a) du code de la propriété intellectuelle ne peut être faite sans l'autorisation expresse de Pierre Brunelle ou, le cas échéant, sans le respect des modalités prévues à l'article L. 122-10 dudit code.

REMERCIEMENT

Merci à vous, ma famille, mon père, mes amis, avec qui je peux partager mes passions et explorer le monde des idées.

SOMMAIRE

	Avant-propos	vii
1	Le Big Data… C'est Quoi ?	9
2	Le Big Data… et L'Entreprise	19
3	Les Données au centre de la Réflexion	43
4	Le Big Data… et la Gestion de Projet	89
5	De l'Exploitation à l'Usage…	107
6	Conclusion	119
7	Recommandations	123
8	Bibliographie	125

AVANT-PROPOS

Cet ouvrage définit un cadre de réflexion sur une stratégie adaptée aux Mégadonnées et développe sa mise en pratique. Il permet au lecteur d'obtenir les outils afin de formuler une solution générique, adaptée à son profil, et à son environnement. Ce livre met en lumière une vision d'ensemble, qui permet de s'interroger sur les diverses possibilités et sur leurs impacts.

Il se développe autour d'une réflexion focalisée sur les données. Il met en exergue une approche didactique qui permet au novice, comme à l'initié, de s'interroger sur la réalisation d'un projet de type Big Data.

Il s'adresse à ceux qui souhaitent cerner les éléments essentiels pour construire pas à pas une solution. Sans en entrer dans les détails techniques, il s'articule autour de la stratégie d'entreprise à mettre en œuvre tout en apportant une réflexion sur les enjeux et les opportunités qui sont liés à ce type de projet.

Cet ouvrage, dans un souci d'approfondissement technique, n'a pas la prétention de se suffire à lui-même. En fonction du souhait de chacun, il est avisé de compléter cette initiation à ce sujet par la lecture d'ouvrages supplétifs.

LE BIG DATA… C'EST QUOI ?

CONTEXTE ET ENJEUX

Il est commun de se hasarder à prédire l'avenir en se basant sur des outils qui décrivent le passé. Tentons à présent, à l'aide des Mégadonnées, d'envisager l'avenir avec des technologies qui permettent de décrypter le présent. De nos jours, les organisations n'ont qu'une vision clairsemée des démarches à entreprendre pour intégrer, dans une stratégie globale, des solutions de type Big Data. Un plan d'exécution détaillé doit être envisagé afin d'attendre en retour une valeur ajoutée significative.

Le Big Data se définit comme représentant une masse de données avec une hétérogénéité dans cette masse, que ce soit en termes d'informations, de types de données, de format, et de flux. Les données contiennent de précieuses informations exploitables susceptibles de transformer une entreprise. Le terme Mégadonnées est également caractérisé par une grande volumétrie qui nécessite des capacités d'analyses avancées et des capacités de stockage spécifique. C'est une masse d'informations qui sort de l'ordinaire, d'une part par sa volumétrie, par sa vélocité (vitesse de production des données), mais également par sa complexité. Chaque minute, plus de 4 millions de recherches « Google » sont effectuées, 2,5 trillions de données sont produites et 90 % des données présentes dans le monde sont apparues au cours de ces deux dernières années.

Il y a tout juste quelques années, l'idée d'analyser des téraoctets de données en moins de deux heures était invraisemblable. À présent, cela est possible grâce aux outils technologiques que l'on regroupe sous ce terme mystérieux de Big Data.

Ces données proviennent de diverses sources, telles que : les réseaux sociaux, les systèmes de géolocalisation, les supports numériques, les transactions financières, les téléphones portables, les informations climatiques, les sites internet, le e-commerce, les forums de discussions, les objets connectés « intelligents ».

Les organisations sont confrontées à une explosion des données qui sont produites que ce soit au sein de leur entreprise ou dans l'environnement dans lequel elles évoluent. Il est attendu qu'en 2020, le volume de données accessible sera multiplié par 9.

Les Mégadonnées exigent de la perspicacité de la part de l'usager afin d'assurer la qualité et la crédibilité des informations extraites. Elles permettent d'améliorer la compréhension globale des divers enjeux d'une entreprise qui évoluent dans un environnement complexe.

Le traitement de l'information a dû également évoluer afin de traiter cette augmentation des variétés de sources de données. De nouveaux modèles d'analyse, ainsi que de nouvelles infrastructures ont vu le jour pour délivrer les capacités nécessaires et suffisantes pour assurer les services et fonctionnalités attendus par les utilisateurs.

Pourquoi parle-t-on d'une stratégie des Mégadonnées ?

Une stratégie Big Data a pour but, au sein d'une organisation, de déterminer un plan d'action permettant de mettre en place une solution financièrement viable en révélant des informations capables de fournir des occasions d'obtenir des avantages concurrentiels, dans le but d'améliorer les performances globales ou spécifiques d'une entreprise.

Après une année 2015 en demi-teinte ou le monde à tenter d'assimiler et d'apprivoiser ces nouvelles technologies. Nous devrions observer en 2016 l'accroissement des infrastructures pouvant supporter des solutions liées aux Mégadonnées. Et à fortiori, une démocratisation de l'information. Les années qui arrivent, entre démocratisation et émergence des solutions, vont permettre à l'ensemble des acteurs de comprendre la valeur ajoutée latente qui sommeille dans l'exploitation de ces outils.

Le Big Data permet d'obtenir une autre perspective sur les méthodes de travail et d'analyse à employer. Des normes sont également attendues afin de mieux définir les méthodologies d'usages et d'exploitations. Ceci dans le but de rassurer les consommateurs et les clients sur l'éthique des informations produites.

Qu'est-ce que les « V » des Mégadonnées ?

Les « V » sont des critères de définition qui permettent de caractériser ce qu'on appelle le Big Data. Populaire depuis quelques années, chacun d'entre eux apporte une caractéristique essentielle qui permet de catégoriser un aspect inhérent aux données de masse. Le nombre de « V » suffisant pour décrire le Big Data n'est pas une science exacte, il est possible de trouver des écrits prônant que 3 « V » suffisent, là ou des auteurs mettent en lumière un minimum de 7 « V » est nécessaire pour pouvoir décrire l'ensemble des caractéristiques le Big Data.

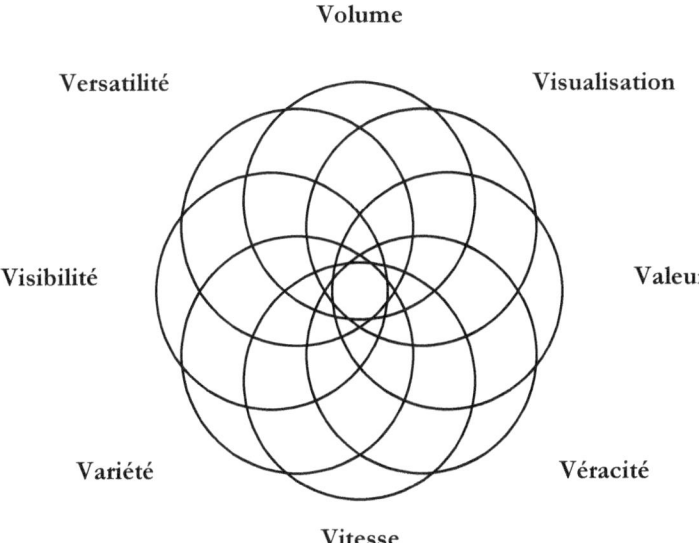

V comme Volume

C'est la quantité des données qui doit être intégrée dans la solution souhaitée. Cette quantité peut varier considérablement en fonction du problème à traiter et de l'environnement. Cette première caractéristique reflète la problématique du stockage. Le volume croissant impose des contraintes structurelles et force les entreprises développant des infrastructures à innover technologiquement, tant d'un point de vue technique que fonctionnel, afin de permettre l'ingestion de cette volumétrie grandissante. Ces innovations peuvent prendre plusieurs formes : réduire les couts, permettre un meilleur traitement des données, garantir une meilleure segmentation structurelle des serveurs, etc.

V comme Variété

Les divers formats et les différents types de données créées sont combinés afin de traiter les données sur une unique plateforme permettant d'en tirer la meilleure information possible. La combinaison des types de données permet de révéler des tendances et des informations qui n'étaient pas discernables jusqu'à présent. Ceci se matérialise par des comportements, ou un dynamisme reconnaissable qui ne peut s'identifier que par l'analyse de données provenant de sources distinctes. Afin de déduire un modèle pertinent, il est nécessaire de coupler des données provenant de sources différentes et ayant des formats distincts.

Dans le but d'ingérer, d'harmoniser, puis de traiter toutes sortes de données (structurées ou non) provenant de sources internes : données structurées (tableur, base de données, ERP, etc.) et de sources externes : données non structurées (images, textes, vidéo, « cookie », enregistrements audio, web analytiques…), il est nécessaire de mettre en place des architectures agiles. Selon le type de données, les traitements et les ressources nécessaires varient grandement. En plus d'être des architectures flexibles, il est indispensable qu'elles puissent adapter leur capacité afin de supporter les différentes techniques d'analyse utilisées.

Le second problème lié à la variété n'est pas celle du format, mais du contenu. Les données non structurées, qui sont celles qui ont vu leur production explosée au cours de ces dernières années, ont des moyens d'expressions variées et relatant des faits et des sujets divers. C'est le même principe que si on oppose deux individus qui parle une langue différente et qui n'arrive pas à communiquer. Un traducteur universel est nécessaire afin d'harmoniser l'information délivrée.

V comme Vitesse

À quelle vitesse les données sont-elles produites ? Les technologies ayant la possibilité d'opérer des calculs en parallèle permettent de résoudre ce problème d'hétérogénéité dans la vitesse de production et d'intégration des données. Cette technologie donne l'opportunité de développer le traitement en temps réel (« streaming ») et d'intégrer un flux de données qui est traité en continu, générant ainsi des résultats quasiment instantanément et donnant ainsi un accès à l'information en temps réel. Ce traitement en quasi-temps réel permet à améliorer la faculté à utiliser des analyses dites prédictives — *voir la partie « Développer l'approche analytique »*.

L'accès aux données, le plus rapidement possible, est le nerf de la guerre dans les industries du marketing, mais surtout dans le secteur du renseignement, de la surveillance, et de la lutte contre les fraudes et le crime. Celui qui sera-ce donné cette capacité prééminente obtiendra un avantage concurrentiel sans pareil.

V comme Véracité

Quelle est la qualité des données ? Est-il possible d'avoir confiance en un jeu de données ? Quelle est l'exactitude des informations délivrées ? Est-il possible de juger de leur conformité avec la réalité des faits qu'elles essayent de traduire ? Les sources de données sont-elles corrompues ? Comment peut-on en évaluer avec précision l'authenticité ?

Les Mégadonnées ne font que d'accroître la nécessité de traiter les jeux de données avec une forte rigueur. Il faut éviter toute accumulation d'erreur liée au degré d'authenticité des données dans le but de garantir la justesse du rapprochement des sources de données afin de se prémunir de toute incertitude et de garantir un climat de confiance. C'est l'unique moyen de se protéger de toute action malveillante intentionnelle et de pérenniser les actions menées. La **Véracité** est certainement le **« V »** le plus important et le plus contraignant, en étant paradoxalement le point le plus sensible.

Quelle est la meilleure façon de juger de la véracité d'une source de données lorsqu'elle n'a pas de point de comparaison ? Il s'avère nécessaire de développer des modèles ajustables et singuliers à chaque type de données pour réduire les risques encourus liés à la fiabilité et à la traçabilité des données.

V comme Valeur

Quelle est la valeur ajoutée des informations qu'on peut retirer de l'exploitation des données ? Quel est le gain potentiel généré par le traitement des données ? Quel est l'impact stratégique sur une organisation ? Peut-on affirmer qu'une solution Big Data permet mécaniquement une création de valeurs des activités ?

Il est presque impossible d'évaluer concrètement le retour sur investissement et la valeur opérationnelle que peut avoir la mise en place de telle solution. Lorsque l'investissement consacré au déploiement de ce type de solution est définitivement engagé, il est indispensable de suivre avec attention leur efficacité à produire de la valeur.

Actuellement l'incertitude règne et les Industriels naviguent dans des eaux troubles. Ils traversent des phases de réflexion portées essentiellement sur la limitation des risques opérationnels. Les dirigeants réfléchissent à deux fois avant d'agir. Tout d'abord afin d'envisager la mise en place de système informatisé d'aide à la décision dans le but de réduire les risques encourus lors d'une prise de décision, tout en s'interrogeant sur les motivations d'investir dans ces outils d'assistances de prise de décisions. Chaque donnée possède une valeur ajoutée latente ; la problématique essentielle est de mettre en place le contexte permettant d'en apprécier la signification.

Cette valeur permet d'obtenir cet avantage compétitif donnant la possibilité de développer un processus inimitable. C'est cette valeur qui se matérialise par la création de modèles économiques innovants, par l'alignement des activités, par l'optimisation des opérations, par une bonne gestion du risque et des fraudes, par l'amélioration continue, par la transformation des procédés d'exécution…

V comme Visualisation

Une fois le cycle de traitement des données effectué, il est important de pouvoir restituer les données de façon à permettre l'exploitation de ces dernières à l'aide de graphiques lisibles et simples. La visualisation des données constitue ainsi une caractéristique importante de la chaine de valeur des données. Rendre claire l'information extraite est un des grands défis du Big Data. Le « Kiss Principle » : « Keep it simple, stupid » est un adage primordial pour le développement des outils de visualisation. Les données doivent être comprises par les utilisateurs de manière instantanée avec un accès à l'information le plus prompt possible.

V comme Visibilité

C'est la capacité des données de voir ou d'être vu, c'est-à-dire, la difficulté avec laquelle on peut les détecter. La visibilité représente également l'accès aux données, le temps nécessaire pour acquérir des informations claires. Il faut y voir une dimension temporelle.

V comme Versatilité

En informatique la **Versatilité** exprime la facilité d'interconnexion entre un terminal informatique et ces réseaux de communication. Employé en ce sens, il s'agit effectivement d'un anglicisme du mot français Polyvalence. Mais cette idée permet d'exprimer le fait que la **Versatilité** renvoie paradoxalement à l'inconstance des données en fonction du contexte et à leur polyvalence effrayante. Définissez un modèle, choisissez un repère, et il est possible de faire « dire » le tout et son contraire à un ensemble de jeu de données.

C'est la raison pour laquelle la **Versatilité** est un critère primordial à prendre en compte lors de l'utilisation des données de masse. Le Big Data accroit ce besoin de construire des solutions analytiques complexes et surtout **adaptées au contexte.**

CONSTATS & DÉFIS

La transformation numérique et l'impact des Mégadonnées sont globaux, car c'est une notion transverse qui permet de remettre en cause la manière dont nous observons des phénomènes non seulement dans le domaine technologique, mais par exemple dans le domaine manufacturier, de la santé, des services publics, etc. Les défis que cela implique sont multiples. Pour une organisation, de la multinationale à la petite entreprise, les données sont essentielles à la compréhension de son marché et de la typologie de ses clients. Et pourtant, encore une quantité non négligeable d'entreprises sont encore très peu ou bien mal équipées pour analyser les données. Alors que le sujet du Big Data a pu être considéré comme réservé aux grands groupes ; les entreprises de toutes tailles se sont vues à leurs tours confrontées aux amas de données. Une majorité des PME n'ont pas encore pris conscience de toutes les possibilités qui s'offrent à elles. Des solutions qui leur sont dédiées avec des prix attractifs voient pourtant le jour continuellement.

Un des principaux défis est d'impliquer l'ensemble des activités d'une organisation dans la mise en place d'une solution Big Data. Une approche d'une solution utilisant le principe des Mégadonnées n'est pas un acte isolé, mais se doit d'être une approche globale pour permettre la transformation des activités dans son entièreté. La transversalité des données de masse entraine, dans la plupart des cas, une remise en question du fonctionnement de l'ensemble des unités opérationnelles, mais permet, à contrario, de donner sens à un alignement stratégique des activités. Il est possible de voir les Mégadonnées non comme une nouvelle stratégie à mettre en place au sein d'une organisation, mais comme un nouveau support permettant le suivi des activités et d'améliorer la performance d'exécution de la stratégie d'entreprise. Mettant ainsi en exergue les points critiques liés à la réussite des activités opérationnelles. L'opportunité de pouvoir gérer les données englobant toutes les activités d'entreprise est une valeur ajoutée liée aux Mégadonnées.

Dans le cadre de cette transformation digitale, il est indispensable de prendre en compte l'ensemble des sources de données traditionnelles. Ces données fournissent des informations essentielles sur le fonctionnement interne d'une organisation et sur les liens directs entre toutes ses activités. Elles sont la matérialisation d'une mécanique bien rodée et d'une cohérence interne. Elle permet de juger des multiples ressources disponibles, de la flexibilité, du champ d'action, et des possibilités opérationnelles.

Le Big Data ne rend ces sources de données obsolètes, au contraire, il permet de développer des outils permettant de combiner toutes ces sources de données afin d'obtenir des informations bien plus précises. Ces sources de données ne doivent pas être isolées l'une de l'autre, mais complémentaires. L'enjeu d'une intégration transverse est primordial pour garantir un retour sur investissement maximal. L'exploitation des données non structurées au même titre que les données structurées sont un tout indissociable.

Il en va de même pour les infrastructures et les architectures à mettre en place pour réaliser les différentes solutions. Bien que différentes, en fonction des solutions qu'on souhaite implémenter, les architectures sont de plus en plus flexibles et permettent des segmentations afin de développer en parallèle des plateformes, et des outils d'analyse et de visualisations variés. Le choix dans les logiciels à mettre en place est un paramètre critique qui impacte fortement sur les possibilités en termes de traitement, de performance, de visualisation et de possibilités d'usage. Il y a également la problématique des surcouches de solutions résultant en des conflits multiples. Les choix des combinaisons des services et d'outils sont multiples et une étude approfondie est nécessaire afin de choisir la solution la plus adéquate.

Il est raisonnable d'être enthousiasmé par le potentiel que les Mégadonnées peuvent apporter, mais se lancer dans l'aventure du Big Data nécessite une préparation importante afin de bien saisir l'étendue des facteurs qui interviennent. Adopter une approche agile et inductive permet de mettre en place une solution pertinente par rapport aux réalités de l'environnement au sein duquel une organisation évolue.

Dans une économie où l'on recherche le risque « 0 », l'investissement dans les solutions d'analytiques avancées est encouragé. Cependant cet investissement est non récupérable, et seulement transformable. Bien entendu, à la seule condition que l'on arrive à exploiter les outils déployés. Le défi est d'améliorer ce délai de rentabilisation pour rendre cette prudence globale utile et non destructrice.

On observe la difficulté avec laquelle les grands groupes peinent à rendre l'utilisation des Mégadonnées performantes. Ils ont besoin de pouvoir s'appuyer sur des standardisations leur permettant de saisir l'ensemble des possibilités qui leur sont accessibles. L'absence de ces « Best Practices » sur lesquelles s'appuyer les empêche de valider leur projet pilote et de définir ce qui représente le succès d'une intégration ou d'une utilisation performance d'une fonctionnalité liée aux Mégadonnées.

Un autre défi majeur est de faire évoluer les esprits sur la confiance à accorder aux données dans le procédé de prise de décision. Un développement axé sur l'aspect pratique des outils afin d'exploiter les fonctionnalités et les capacités des solutions déployées est à envisager.

LE BIG DATA... ET L'ENTREPRISE

Les données sont de plus en plus au cœur des prises de décisions stratégiques d'une entreprise. Les données de masse doivent impérativement être à l'origine des réflexions nouvelles. L'aspect innovant des Mégadonnées s'est qu'elles permettent des découvertes à ce jour dissimulées. Elles rassemblent des informations tant bien liées à l'environnement extérieur qu'aux activités internes d'une organisation. Ces informations extraites doivent permettre d'être le mieux informé afin de prendre des décisions dans les conditions les plus optimales possible.

La plupart des entreprises ayant assimilé cette notion tentent de mettre en place des solutions s'appuyant sur ces technologies. Ceci dans le but de développer les capacités nécessaires afin d'identifier les défis auxquelles elle fait face. Il est indispensable d'intégrer des solutions de type Big Data au cœur de la stratégie d'une entreprise, au risque de voir la compétitivité momentanément s'affaiblir. Les méconnaissances techniques (infrastructures, architectures, etc.) ne doivent pas être un frein à cette évolution.

Quand, pourquoi, comment, pour qui, mettre en place une stratégie liée au Big Data ? Comment assurer une mise en œuvre qui garantira le succès de cette transformation numérique et permettra de créer et/ou de maintenir un avantage compétitif durable ?

Comment penser le Big Data dans sa stratégie d'entreprise ?

Parmi les méthodes classiques, il existe deux approches majoritaires bien distinctes. **La méthode « Top Down » repose sur la définition d'une solution et d'un plan d'exécution** alliant la monétisation des données, et le développement des sources de données externes (données non structurées). Cette démarche insiste sur l'aspect transversal de l'approche Big Data. Elle permet d'aligner les diverses unités opérationnelles vers un objectif commun.

Cette vision prône l'harmonisation des solutions retenues et insiste sur les solutions tout-en-un (« All-in-One ») qui permettent d'acquérir une approche globale du problème. Néanmoins, cette méthode requiert une phase d'implémentation longue et coûteuse, c'est-à-dire, un fort investissement dans la conduite du changement.

La méthode « Bottom-Up » insiste sur le fait de partir des constats initiaux et des réflexions opérationnelles récoltées sur le terrain. Par exemple, à travers l'exécution de projet pilote qui permet de refléter la réalité de l'entreprise. Dans la lignée de l'approche de la gestion de projet sans gaspillage (« Lean Manufacturing », en anglais) qui permet d'obtenir des résultats concrets en favorisant une meilleure communication interne des solutions déployées, ce qui améliore considérablement l'assimilation par les usagers.

Cette stratégie se développe et se dessine au fil de l'eau. Néanmoins, la majorité des organisations effectuent des projets tests sans réel objectif défini au préalable, ce qui réduit fortement la possibilité d'en retirer tout bénéfice.

Quelle que soit l'approche employée, la démarche se doit d'être la plus exhaustive possible afin de couvrir toutes les problématiques envisageables. S'agissant du Big Data, il est essentiel de définir les résultats attendus, d'identifier les problématiques, de mesurer la valeur ajoutée, de désigner une gouvernance interne, d'identifier les ressources nécessaires, etc.

Comment s'assurer de l'alignement stratégique ?

Cette problématique d'alignement stratégique n'est pas inhérente au Big Data, mais fait partie d'une des problématiques essentielles à toute organisation. Aligner les domaines d'activités stratégiques avec la stratégie d'entreprise est le meilleur moyen d'assurer une cohérence organisationnelle et de réduire les conflits interentreprises résultant des visions internes à chacune des activités de l'organisation. Une organisation dans son ensemble doit être « une force qui va et qui sait où elle va ».

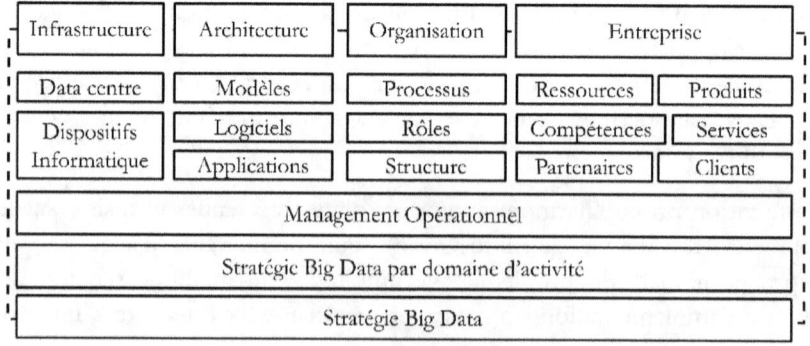

« Alignement stratégique »

Chaque activité présente au sein d'une entreprise est à prendre en considération lors de la réflexion initiale. L'analyse de l'ensemble des activités passe par une enquête approfondie de tous les éléments capables d'exercer une influence certaine sur l'avenir de l'organisation. Au cours de cette démarche, il est judicieux de concevoir toutes les problématiques futures auxquelles pourrait faire face l'entreprise. La mise en place d'une stratégie de type Big Data n'est pas une problématique qui concerne seulement la DSI (Direction des Systèmes d'Informations). Elle est une notion transverse à l'entreprise.

D'où provient cette notion transverse ? La raison est que la production des données est dispersée dans l'ensemble d'une organisation. Elles sont segmentées au même titre que les différentes unités opérationnelles. On peut facilement passer à côté de ce caractère global lié aux données. Il est nécessaire que la mise en place de telles solutions parte d'une réflexion collective de l'ensemble des décideurs permettant dès lors de construire une vision unanime et synthétisant l'entièreté des activités opérationnelles.

Une entreprise qui perçoit l'impact du Big Data sur la structure de son entreprise, et qui prend en compte sa dimension globale a déjà effectué un pas considérable. Il serait absurde d'estimer que de traiter le sujet des Mégadonnées par branche, par secteur, voire par activité est la solution optimale. Une dichotomie est certes utile pour mieux comprendre les interactions à différentes échelles d'une structure, mais ceci n'est pas suffisant. C'est un moyen non une fin en soi. Analyser ces problématiques en ne prenant en compte qu'un nombre de critères restreints ne permet pas que de mettre en exergue un point de vue restreint et unique d'un problème. À première vue il est tentant de simplifier un problème en restreignant les critères permettant de définir une hypothèse. Ceci a cependant pour conséquence de réduire, fortement les problématiques. Le contrecoup est l'appauvrissement de l'hypothèse initiale formulée par le décisionnaire et ceci ne faisant qu'accentuer les erreurs de jugement.

Plus l'approche est globalisée, plus la rentabilité prévue à long terme est importante. Il faut considérer une offre de type Big Data permettant d'adresser suffisamment de problématique liée à l'ensemble des activités d'une organisation. C'est l'unique manière d'obtenir des informations pertinentes et à forte valeur ajoutée pour l'ensemble de la structure en question.

Aligner le projet avec la stratégie d'entreprise permet une meilleure appropriation lors de la soumission du projet aux parties prenantes.

Acquérir l'approbation de la direction et des cadres supérieurs n'est également pas chose aisée. Il s'agit de prouver que cette problématique prend en compte l'intégralité des variables hypothétiques permettant de représenter le champ d'action de l'entreprise dans son entièreté. En fin de compte, il s'agit d'insister sur la cohérence globale du projet avec la vision de l'entreprise au long terme.

C'est l'unique manière de s'assurer que le projet déployé permettra de :

- Découvrir les pratiques actuelles
- De comprendre les sources de valeurs possibles
- D'identifier les futurs besoins
- De formuler des alternatives
- D'optimiser ces options futures

Comment rendre conscience des multiples possibilités ?

Le Big Data donne la possibilité de capter des tendances avant qu'elles n'émergent afin d'obtenir ce « coup d'avance » qui permet d'anticiper les aléas à venir, et de prendre des décisions donnant accès à des opportunités jusqu'ici non révélées. Comme la plupart des nouveaux outils liés aux systèmes d'information, les Mégadonnées ont des impacts positifs sur une variété de processus opérationnels et implique non seulement la possibilité de réduire drastiquement les mauvaises allocations d'efforts, mais également de les rendre plus efficientes. Afin de prendre conscience de l'utilisation possible de ces données de masse, il faut adopter un point de vue pragmatique sur les diverses possibilités d'utilisation de ces sources de données nouvellement accessibles. Quelle est la meilleure utilisation de données de masse pour une organisation spécifique ?

Déterminer les opportunités réalisables

Il est important d'avoir conscience de ce qui caractérise des activités de façon unique. Comme dit précédemment, les données qui peuvent être pertinentes pour une organisation ont un caractère global. Ainsi, afin de mettre en lumière des opportunités grâce à l'exploitation de ces données, il est indispensable d'avoir une vision globale et générique des données. C'est le seul moyen pour remettre en perspective les choix stratégiques et de mettre en exergue de nouvelles opportunités.

Ainsi, dans tous les secteurs d'activités, le traitement des données de masses offre l'occasion de repérer des occasions latentes produites par les activités quotidiennes d'une entreprise. Le seul facteur limitant étant la capacité d'extraire efficacement les informations pertinentes donnant cet avantage de découvrir des possibilités, à première vue, inexistantes.

Dans les domaines des sciences humaines et sociales, de la communication, du transport de marchandises, de la construction, de l'enseignement, de la météorologie, de la finance, de l'import-export, etc., les applications possibles sont multiples et variées.

Cependant tous les secteurs d'activité n'ont pas les mêmes opportunités. Historiquement, plusieurs secteurs peuvent générer une quantité de données importantes, tels que le secteur financier (assurance, banque, courtier…), mais également les secteurs des télécommunications et de la grande distribution. Parmi ces secteurs d'activités, grâce à la démocratisons des Mégadonnées, certains ont vu leur production de données s'accroître fortement comme les opérateurs téléphoniques grâce à la prise en compte de données provenant des centres d'appels, des boitiers numériques, des boitiers internet…

Ceci leur a permis, par exemple, d'affiner leur stratégie marketing et leur ciblage de clientèle en les cumulant avec d'autres sources données plus traditionnelles.

À contrario, le secteur de l'assurance peine à découvrir de nouvelles sources de données en raison de nombreux facteurs externes (vie privée, etc.). Le souhait, de pouvoir récolter les informations générées par tous les objets connectés liés au domaine de la santé, des sciences sociales et comportementales, est grand. Dans certaines régions du monde, la législation ne leur permet pas encore ni de les agréger ni de les exploiter.

Les organisations ont pris la conscience de la valeur ajoutée possible en exploitant et combinant les sources de données héritées des anciennes méthodes d'analyses et les nouvelles sources externes. Ceci dans le but d'améliorer non seulement les procédés internes, mais de mettre en place un environnement favorisant les opportunités de monétisation de nouveaux modèles.

La première opportunité générique que les données de masse permettent est la réduction des couts de fonctionnement. L'agrégation des sources de données d'une entreprise permet de mieux répartir les ressources (tangibles comme intangibles) dans un cycle de vie d'un projet, d'une activité, et d'un produit.

Les opportunités à envisager sont à segmenter en fonction des domaines d'activité stratégiques. Il est nécessaire de réfléchir aux possibilités non seulement en se basant sur les secteurs d'activités, mais aussi sur les sous-ensembles d'activités (qui peuvent être transverses à vos domaines d'activités) et qui forment les différentes unités internes d'une organisation.

Une opportunité, bien connue, est la meilleure connaissance de ses clients. Les nouvelles données produites par les actions sur les réseaux sociaux, par exemple, permettent d'analyser les comportements sociétaux. La connaissance de ces consommateurs passe par l'identification de ces différents types de clients, mais également par des analyses dites prédictives afin d'anticiper le futur besoin du consommateur. Grâce à ces technologies de profilage, d'analyse de sentiment, d'étude comportementale, il est dorénavant possible d'améliorer les services en offrant une meilleure personnalisation des offres et ainsi d'obtenir une fidélisation accrue. Il est nettement plus facile de retenir un client que d'en acquérir un nouveau. Intégrer ces informations supplémentaires aux données traditionnelles permet une connaissance accrue des clients ciblés et c'est ce qu'on appelle obtenir une vision à 360° de ses consommateurs. Cela signifie adapter le service délivré au besoin de l'usager. L'essentiel étant d'identifier la nature des opportunités latentes afin d'opter pour la bonne approche, et de prévoir la valeur ajoutée souhaitée en est une des étapes clés.

La découverte de nouvelles opportunités grâce à l'utilisation des Mégadonnées n'est effective que si une culture d'entreprise est mise en place afin d'autoriser ces changements. Les organisations doivent avoir la capacité de se restructurer et d'adopter les modifications relatives à ces impacts stratégiques. Il est fondamental que les entreprises mettent en place un environnement adaptatif pouvant absorber les transformations nécessaires.

Quels sont les types de valeur ajoutée prévisible ?

Comment est mesuré, et quel est l'impact des Mégadonnées sur l'amélioration continue, l'excellence opérationnelle l'augmentation des marges commerciales, la lutte contre la fraude, les risques opérationnels, les chaines d'approvisionnement, et sur la satisfaction client ? Quelle est la véritable contribution des Mégadonnées ? Comment assurer tout au long du projet et de la réflexion que la valeur ajoutée sera au rendez-vous ?

Une fois que l'identification des domaines les plus impactés par la mise en place d'une stratégie orientée « data » est terminée et que la définition les parties prenantes et la délimitation les impacts majeurs est achevée ; et après avoir déterminé les opportunités possibles, il faut maintenant segmenter les valeurs ajoutées concevables par domaine. Plus la segmentation est judicieuse, plus il est prévisible de pouvoir d'identifier quel type de mettre en place ? Dans un premier temps, pour saisir telle opportunité, puis pour en attendre légitimement un retour sur investissement conséquent.

La problématique de mesurer la valeur apportée par l'implémentation d'une solution Big Data est une des pierres angulaires de ces dernières années. Estimer le gain potentiel n'est pas chose aisée. En fonction des considérations initiales et de l'évaluation de l'étendue des impacts, la mesure de la rentabilité peut varier considérablement.

Prenons l'exemple simplifié de l'opportunité d'améliorer (1) **le temps de réponse d'un site marchand.** L'impact de cette amélioration permet d'accroitre nettement l'expérience client et ainsi d'engendrer une augmentation des ventes. Si, en parallèle, on effectue la mise en place (2) **d'une campagne dans le but d'améliorer l'image de marque sur les réseaux sociaux.** Tout en ayant pu effectuer (3) **le déploiement d'outils d'analyse** spécialisés dans la gestion de la relation client ainsi que (4) **la publication de bulletins d'information générés de manière automatique en fonction de la typologie du client.**

Quels moyens sont à dispositions afin de déterminer, quel(s) service(s) déployé(s) contribue ou non à améliorer les ventes ? Est-ce l'ensemble des démarches entreprises ?

Il est nécessaire de considérer le fait que toutes ces activités sont liées. Une présence accrue sur les réseaux sociaux accorde plus de visites sur un site internet. Une bonne gestion du service de « newsletter » permet de fidéliser ces visiteurs. Un service de markéting fondé sur la saisonnalité et les promotions grâce à l'utilisation des données améliore les tendances d'achats. Tous ces services jouent un rôle essentiel. Le but étant de déterminer s'ils ont un impact positif ou négatif et dans définir le degré ?

Évaluer les niveaux de satisfaction client est une tâche pénible. Des solutions d'analyses et de visualisations facilitent cette dernière et permettent de juger des impacts des stratégies mises en place. Ce sont tous ses outils de mesures qui ont accompagné le développement lié aux données de masse qu'il ne faut pas ignorer. Une stratégie liée au Big Data doit prendre en compte l'ensemble de la chaine de valeur. De la conception d'un « produit » à la « maintenance » de ce dernier. Effectivement distinguer l'impact de chaque solution sur l'ensemble du processus permet dans un premier temps d'observer quelles étapes requièrent une attention particulière.

Finalement, la première étape vers la garantie d'une valeur ajoutée s'opère en hiérarchisant les opportunités identifiées précédemment et en effectuant une sélection pertinente de celles qui valent d'être exploitées.

Les avantages que l'on peut retirer de la mise en place de telles solutions sont multiples et dépendent des thématiques traitées. Il existe un domaine dans lequel l'implémentation de ce type de solution entraine forcément la création de valeurs. Il s'agit de tout ce qui englobe de près ou de loin les processus des prises de décisions. Des décisions plus éclairées sont possibles par l'agrégation de nouvelles informations permettant d'obtenir une vue d'ensemble. C'est le processus même de la prise de décision qui est remis en question en y introduisant de nouvelles méthodologies. Paradoxalement, l'utilisation approfondie de ces technologies permettent une meilleure compréhension du réel et ainsi de rendre les décisions prises plus efficientes. D'autre part, l'analyse des données en quasi en temps réel a un impact positif sur la latence du processus décisionnel et améliore ainsi la vitesse à laquelle un décisionnaire à la possibilité de prendre parti.

Une seconde valeur ajoutée générique est l'adaptivité[1] qui permet d'émettre des prédictions relatives à une ou plusieurs variables en se fondant sur une base de données ayant permis un constat sur ces mêmes variables et d'en tirer des conclusions ?

Quelques exemples de valeur ajoutée générique :
- L'accroissement de la profitabilité d'un produit « A » de x%
- Le gain de part de marché dans un pays « B »
- L'amélioration de la satisfaction client du service « C » de x%
- Un temps de prise de décision stratégique réduit de x%

Comment obtenir la meilleure valeur ajoutée ?

Les entreprises parvenant à convertir des opportunités en gain effectif semblent réunir certaines conditions qu'on pourrait juger indispensables. Elles réussissent à identifier les données qui sont détentrices d'informations pertinentes de celles qui ne le sont pas. Elles possèdent les ressources tangibles, et intangibles indispensables à l'exploitation de ces données. Les

---

[1] Edgar Morin, La Méthode. 2. La Vie de la vie [1980], Seuil, 2013.

données pouvant selon la manière dont elles sont utilisées se révéler une source d'information exploitable ou non.

Ces valeurs essentielles émergentes liées à l'utilisation des données peuvent impacter à différents niveaux de l'organisation. Néanmoins, sur le long terme, quels en sont les impacts finaux sur l'organisation ?

Quels sont les impacts stratégiques ?

Les opportunités et les valeurs ajoutées qui découlent de l'utilisation des Mégadonnées peuvent être de natures diverses. Cependant, les impacts à long terme peuvent être hiérarchisés selon 4 catégories :

- Capital humain (expertise, formation…)
- Produits (licences, brevets, services, ventes…)
- Procédés (recherche, communication, processus d'innovation…)
- Image de marque (réputation, histoire, valeurs…)

Que cela ait été le but initial ou non du système déployé, en fonction de l'usage, l'incidence sur **(1) le capital humain** peut résulter d'un impact direct lié au déploiement de la solution.

Que ce soit en termes d'expertise, de montée en compétence, etc., l'impact sur **(2) les produits** se manifeste de manière directe ou indirecte. **(4) Les procédés** sont naturellement impactés, quelle que soit la solution déployée par la nature globale de cette thématique. Finalement, l'impact sur **(3) l'image de marque** de l'entreprise parait plus subsidiaire, mais revêt une importance primordiale et sera bien souvent au centre de l'utilisation des Mégadonnées.

Quelques exemples d'impacts organisationnels sur long terme :

- Une meilleure compréhension et suivi global des activités et des opérations
- Une flexibilité et une adaptabilité aux changements accrues
- Un environnement favorisant l'innovation et la recherche
- Un gain de confiance de la part des parties prenantes
- La mise en lumière de nouvelles perspectives

Comment anticiper et gérer les risques associés ?

Comment garantir la capacité à gérer les informations et les sources de données pour qu'elles soient dignes de confiance pour les salariés, les utilisateurs… ?

Toute organisation doit, en amont du projet, envisager les risques techniques, financiers et juridiques. Elle se doit d'être la garante de l'intégrité des données exploitées et de la sécurité des informations circulantes. Comme toute gestion des risques, il faut identifier, classifier, et maitriser ces nouveaux risques liés aux Mégadonnées.

Un des problèmes majeurs est l'utilisation de données biaisées par un analyste qui résulte en des conclusions dangereuses pour l'organisation. Les données de masses doivent être un support afin de réduire les incertitudes auxquelles font face les entreprises et non pas à l'origine d'un impact négatif sur la gestion des risques de quelque manière que ce soit.

Une meilleure compréhension des risques encourus par l'utilisation de ces nouvelles technologies nécessite de développer de nouveaux modèles d'évaluation des risques liés à l'utilisation des structures informatiques afin de prendre en compte l'influence des sources de données externes aux activités.

- Comment identifier ces risques ?
- Quelle est la typologie de ces risques ?
- Quels sont les impacts de ces risques ?

L'identification des risques est complexe et revêt un caractère qui dépasse les notions de domaine d'activité de l'entreprise.

L'analyse des risques est la première étape permettant, dès la réflexion initiale, de délimiter le contexte d'étude par l'élimination des thématiques soulevant des problématiques trop importantes. Les méthodologies d'identification de risques sont fonction de la nature du projet traité. Afin d'obtenir une bonne représentation de l'ensemble du panel de risque auquel est confrontée une structure, il faut d'ores et déjà avoir une vision globale du sujet (projet dans ce cas précis) en question.

Qui sont les utilisateurs de la solution future ? Quel est le domaine d'expertise visé ? Quels sont les secteurs industriels ? De manière générale, la qualité des réponses est corrélée à la qualité des questions qui sont énoncées.

Quels sont les risques spécifiques liés aux Mégadonnées ?

Quels sont les contraintes et les risques socioéconomiques, politiques, organisationnels qui ralentissent ou empêchent la mise en œuvre d'un tel projet ?

Incertitudes liées à la solution technologique

L'utilisation de la solution est la première source d'aléas possibles. La constance, en opposition à la défaillance, d'un outil informatique ou d'un logiciel correspond à sa capacité en faisant appel aux fonctionnalités en question et en fonction de certaines conditions initiales, à délivrer un résultat défini. La première cause de ces aléas peut être liée à une mauvaise expression du besoin par le client à son fournisseur de services. Ceci entraine inexorablement la remise d'un service qui ne correspond pas à la solution souhaitée. Le second aléa correspond à une mauvaise utilisation de la solution déployée ou d'un service additionnel, qui entraine à son tour l'apparition de « bug ».

Le « temps de latence » d'un ou plusieurs éléments de l'architecture fonctionnelle qui correspond au temps entre l'envoi et la réception d'une information est aussi une source d'incertitudes. Évalué à l'aide de divers tests de performance, ce facteur critique représente une différence majeure entre une solution accommodante ou non. C'est-à-dire, une solution permettant une expérience utilisateur agréable avec un temps de réponse suffisant pour ne pas ralentir les actions entamées de l'usager.

Les fonctionnalités inhérentes aux outils (plateformes et outils d'analyses avancées) : méthode de visualisation, capacité de modélisation et d'analyse, aptitude à supporter la globalité des formats disponibles, capacité de standardisation de l'information sont tout aussi bien des éléments qui peuvent être une source d'incertitude liée à la technologie en elle-même.

Incertitudes liées à la capacité de l'infrastructure physique supportant la solution

Comment minimiser les perturbations d'une modification technologique ? Une infrastructure peut ne pas avoir les capacités nécessaires pour répondre aux exigences souhaitées. Le Big Data requiert de fortes capacités (puissance de calcul, fréquence, disponibilité, accessibilité…). D'où l'émergence des solutions « Cloud » permettant au fournisseur de répondre au besoin du client en proposant une solution abordable.

Une infrastructure physique peut subir des mises à jour et des customisations afin d'améliorer ces capacités pour accueillir diverses solutions, mais apparait ensuite le problème de compatibilité des versions qui est une autre source d'incertitude.

Les solutions techniques retenues auront-elles tendance à subir des modifications, des évolutions, des contraintes, par rapport à l'objectif initial ?

Incertitudes liées au support d'utilisation.

Ce rapprochant du premier type d'incertitude, mais étant lié à l'outil de support à travers lequel la solution est déployée : ordinateur de bureau, portail web, tablette, « smartphones »). La solution en question doit avoir la possibilité de s'adapter aux divers gabarits disponibles.

Incertitudes liées à aux données.

Les données agrégées et analysées peuvent s'avérer décevantes et ne pas contenir les informations pertinentes pour définir des modèles sur lesquels s'appuyer pour une prise de décision efficace. Il est probable de sous-estimer le nombre de sources de données exploitables pour chaque problématique préalablement identifiée.

Incertitudes liées aux analyses.

Des incertitudes liées aux différents traitements des données (nettoyage, indexation, tri, correction d'erreur, analyses, etc.) peuvent entrainer que le résultat final ne permet pas de valider les hypothèses initiales.

D'autres incertitudes peuvent être liées au fait que les méthodes analytiques à la disposition des utilisateurs ne sont pas suffisantes pour traiter les données en question ; et les utilisateurs experts ne possèdent pas les compétences nécessaires pour développer des modèles adaptés. Les décisionnaires finaux peuvent ne pas avoir les compétences suffisantes pour tirer des conclusions à travers les tableaux de bord présentés.

Quelles sont les typologies de ces risques ?

La classification des risques permet de hiérarchiser les aléas. Il existe 5 classes de risques permettant de les catégoriser :

- Financier
- Humain
- Juridique
- Organisationnel
- Technique

Subdiviser les risques identifiés dans ces catégories permet d'obtenir une vision globale des enjeux du projet.

Incidences et Occurrences

Faut-il mieux être confronté à une quantité importante de risques avec un taux d'apparition fort, mais avec de très faibles incidences ? Faut-il mieux être confronté à une faible quantité de risques avec une petite chance de manifestation, mais ayant des impacts très importants ?

Il est essentiel que l'analyse qualitative des risques fasse suite à l'analyse quantitative.
La probabilité, de concrétisation d'un risque ou son niveau d'incidence sur une des phases du projet, doit être clairement quantifiée. Conduire cette analyse assiste, à fortiori, dans la définition des opportunités et des objectifs stratégiques et opérationnels associés au projet.

Quelques exemples de recommandations :

- Effectuer des analogies par rapport à des projets à caractère similaire
- Réaliser une matrice des risques qui permet de mettre en œuvre une standardisation de l'identification des risques pour les projets déployés
- Opérer une étude permettant, étape par étape, de mesurer les phases critiques d'un projet et les risques potentiels

Les impacts d'un risque peuvent être évalués par rapport aux ressources nécessaires à déployer pour y parer, au coût qu'il engendre lors de son occurrence, à sa dimension spatiotemporelle.

Cette analyse transverse des risques permet de mieux en contrôler les différents aspects lors de l'exécution du projet. Cela s'appelle : « La Maitrise des Risques ».

Comment maitriser ces risques ?

La maitrise des risques passe par la gestion de façon continue les incertitudes d'un projet. Les risques évoluent progressivement, leur incidence varie ; et leur typologie peut se voir modifier. Afin d'opérer une gestion efficace d'un plan d'action, des responsabilités doivent être mises en œuvre pour établir au sein d'une structure des méthodes et des moyens permettant d'atténuer, d'anticiper et de réduire les risques associés.

Dès lors que la méthode de gestion du risque est en place, il est nécessaire d'entamer des procédures de suivi des activités et des risques qui y sont associés. Le contrôle continu des processus opérationnels exige un travail important de communication et de ciblage des étapes critiques. Il faut s'appuyer sur des outils d'analyse permettant de quantifier les résultats, d'analyser en temps réel les procédés employés et les actions déployées. Plus les informations concernant les opérations sont identifiées et saisies promptement, plus les rapports permettant de juger de l'état de criticité d'un risque sont fidèles à la réalité et permettront d'améliorer la maitrise globale des risques. L'approche du suivi des risques est évolutive et cela signifie, maitriser l'ensemble des processus opérationnels.

Prévoir les contrecoups financiers immédiats

Étudier les opportunités liées aux Mégadonnées est fastidieux et très couteux. Les organisations envisageant la mise en place de ce type de solution possèdent des infrastructures traditionnelles et des architectures informatiques permettant la gestion des données provenant de sources traditionnelles. L'effort en termes de couts (non seulement financiers) est un frein au développement et à la recherche. Cette problématique ne doit être envisagée qu'après avoir identifié les opportunités possibles, les valeurs ajoutées latentes, et les conditions liées à ces changements. L'analyse des coûts doit également prendre en compte le fait que les données de masse peuvent être considérées comme une classe d'**« Actifs »,** comme un investissement clé à court comme à long terme. Ces données, utilisées à bon escient, peuvent être exploitables de multiples manières.

Segmenter les coûts

Structurer et identifier précisément les coûts associés au déploiement d'une solution informatique nécessitent de saisir les limites permettant de fractionner les multiples activités liées à ces services informatiques. Cela permet une meilleure ventilation des ressources financières allouées aux différentes strates du projet.

Une solution de type Big Data à un champ d'action qui ne se limite pas à un seul domaine d'activité et ne peut dès lors pas être schématisé linéairement. Ses interactions sont d'ordre spatial, temporel, et transversal par rapport à la structure organisationnelle. Cerner et prendre la pleine mesure des niveaux d'interdépendance en cartographiant les couts directs comme indirects reliés à l'ensemble du projet a pour but de clarifier la concordance des ambitions avec l'entièreté de l'organisation.

Les coûts directs sont identifiés par les « barrières à l'entrée » qui concerne le cout d'obtention des technologies en question ; les coûts indirects sont associés à la maintenance des outils, les compétences à acquérir sur le long terme et sur la gestion en continu de diverses infrastructures annexes et de l'environnement des données.

Prévoir, dès la réflexion initiale, une estimation des coûts financiers instantanés, mais également l'impact à long terme sur une structure budgétaire donne la possibilité d'effectuer des prévisions financières et de confirmer les faisabilités des projets.

C'est un argument important pour obtenir l'accord préliminaire pour poursuivre les études de faisabilité et identifier l'acceptabilité par des indicateurs financiers. Comparer les coûts par rapport à différents référentiels est une première occasion de mesurer les capacités d'une organisation à mettre en place ces procédés.

Comment s'attaquer au défi de la gouvernance des données ?

Le constat est entériné que la gouvernance des données est bien souvent chaotique. Plus de la moitié des entreprises ayant intégré des solutions de type Big Data ont cette problématique de maturité liée à la pleine compréhension des enjeux et des concepts liés aux Mégadonnées. Tous les constats énumérés précédemment sont générateurs de défauts de gouvernance. Une gouvernance saine permet d'instaurer un climat de confiance dans les décisions qui sont engagées. Une bonne gouvernance est preuve de maturité et définit un cadre d'évolution à l'ensemble de l'organisation. Elle fournit un socle sur lequel les collaborateurs se basent pour développer des solutions innovantes, pour construire le futur de l'entreprise en s'assurant d'être dans les normes définissant la culture de l'organisation.

Les entreprises doivent développer envers ces initiatives spécifiques un climat de confiance et de transparence. Elles doivent adopter une approche flexible et être à l'écoute de ses collaborateurs. Cultiver un environnement favorisant l'utilisation des données passe par l'établissement de règles internes et d'une politique responsable de l'ensemble des métiers présent dans une organisation pour assurer la conformité des actions incrémentées.

Il est difficile de réunir l'ensemble des métiers d'une entreprise et de les faire converger vers une seule et même vision. Pour des raisons organisationnelles, les différentes directions ne partagent pas des objectifs communs à court terme. Ces divergences impliquent pour assurer la qualité d'exploitation des données de résoudre ces conflits par la réconciliation des différentes activités en les alignant vers une approche commune. La mise en place d'une gouvernance apportant une vision globale de la chaîne de valeur autorise à construire des fondations solides et un réseau interne favorisant la bonne exploitation des données. Cela passe par la mise en place d'une culture d'entreprise, focalisée sur la cohérence des règles métiers, sur l'exactitude des données récoltées, sur l'identification des priorités opérationnelles ; et sur la rapidité à prendre des décisions créatrices de valeur. Une approche prudente de détection des problèmes opérationnelle permet de réduire l'impact des risques inhérents à la mise en valeur des données.

Quelques exemples de défis liés à la problématique de gouvernance :

- Harmoniser les objectifs
- Fusionner les actions disparates
- Aligner les visions
- Renforcer la confiance envers la thématique des données
- Intégrer une responsabilité interne
- Prôner les actions collaboratives et la création d'un réseau d'expert

La sécurisation de l'ensemble

La révolution liée au Big Data impose la refonte d'une stratégie de contrôle afin de garantir la sécurité de l'environnement relatif aux données. Avec l'arrivée des caractéristiques inhérentes à ces technologies d'analytiques avancées, les « V(s) », la sécurité reste une des premières préoccupations. Considérons les données qui peuvent être assimilées comme appartenant à la vie privée d'un individu ou des données produites suite à la mise en place de solution liée au Big Data au sein d'une entreprise, cette notion est à prendre en compte tout au long du cycle de vie des données. Certaines sources de données peuvent être privatisées, dès lors, il faut s'assurer de la légitimité de certaines récoltes de données pour ne pas mettre en difficulté l'organisation sur le plan juridique.

Faut-il s'entourer d'un service juridique spécialisé dans la donnée ?

Ces ensembles de données, générées par les utilisateurs (internautes, consommateurs), acquièrent un caractère personnel et rentrent ainsi dans le cadre des lois relatives aux libertés des documents informatiques. En 2012, la création d'un *« droit à l'oubli »* numérique a démontré que les décideurs prennent très au sérieux ce critère de protection des données personnelles.

L'analyse des contraintes juridiques permet de compléter une étude de faisabilité de mise en place des solutions Big Data. Il est indispensable de responsabiliser les décideurs sur ce caractère juridique. Cependant, la nature des données exploitables varie grandement en fonction du secteur d'activité ; il est, ainsi, difficile de déterminer un cadre juridique définitif lors de la conception d'une solution. En conclusion, une démarche évolutive nécessite l'intégration et l'exploitation constante de ce type de projet.

Insister et communiquer sur le fait que l'accent est mis sur la sécurisation des actions relatives à l'utilisation des données permet de créer un climat de confiance avec les divers utilisateurs. Un exemple est l'obligation de mentionner l'utilisation des « cookies » sur les sites internet. Ou bien l'autorisation d'accès à des informations privées qui peuvent être observées lorsqu'on se connecte sur un service à distance à l'aide de ces comptes : « Facebook », « Twitter », « LinkedIn », « Google » … Les organisations doivent favoriser le partage volontaire des données par l'utilisateur. Le consentement et la confiance du client sont essentiels pour alimenter ce sentiment de sécurité. Les entreprises doivent acquérir une approche didactique. Les outils de dissimulation d'identité, de navigation privée, de blocages de publicités, sont des réponses à des solutions trop intrusives. Il faut permettre une compréhension par le « consommateur » de son propre intérêt à délivrer ces informations afin d'améliorer, in fine, son expérience client. C'est en établissant cet environnement sécurisé autour du caractère personnel inhérent aux données que l'utilisateur peut se concentrer sur l'apport personnel qu'il retire en partageant ces informations. Ces données peuvent être des antécédents médicaux, des attitudes d'achat, des dépenses en matière d'énergies, des habitudes de conduites. Évidemment, tous les usagers ont des exigences de respect de la vie privée. Ces dernières entrainent des contraintes architecturales au niveau de la conception des solutions. Les fournisseurs et développeurs de logiciels sont résolus à mettre en place les prestations adéquates aboutissant à divers niveaux de sécurité en fonction du type de données et de l'utilisation qui en est faite.

L'enjeu est d'acquérir un niveau de sécurité optimal tout en conservant les caractéristiques de performance, de fonctionnalité, et de flexibilité requises par ce type de solution. Subir une faille de sécurité concernant les données clients est une perte de confiance directe envers ses consommateurs et utilisateurs. L'échec de la sécurisation du patrimoine numérique d'une organisation est néfaste pour l'image d'une entreprise.

Quelques exemples de défis de sécurité :

- Sécuriser l'injection et le traitement des données
- S'adapter à la localisation des données

- Conserver un historique du parcours des données
- Chiffrer les différentes strates des données
- Utiliser des services d'identification
- Clarifier les processus et les méthodes utilisées sur l'ensemble des processus

Les organisations ne sont pas préparées pour la complexité des questions de sécurité qu'implique l'utilisation des Mégadonnées. Le sujet de la sécurité interne et externe doit être pris en compte dès la phase initiale de la mise en œuvre de la solution. Développer une stratégie de gouvernance des données, et définir une politique d'utilisation des données permet de créer les conditions garantissant la bonne utilisation des outils dans un cadre légal et responsable.

La problématique des compétences

Une entreprise n'a pas toujours les compétences nécessaires au déploiement de nouveaux outils. Elle lui est alors impossible de combler le besoin relatif à l'exploitation des solutions déployées. Tout projet nécessite d'y associer un plan de gestion du changement. Par conséquent, chaque projet doit mettre en œuvre des moyens non seulement pour l'intégration de la solution en elle-même, mais pour l'intégration des nouvelles compétences nécessaires à l'utilisation de chaque technologie. L'évolution liée aux Mégadonnées n'est pas seulement technique et/ou fonctionnelle, mais tout aussi bien organisationnelle.

Ces outils nécessitent des compétences multiples qui outrepassent les frontières classiques des différents domaines d'activités stratégiques de l'organisation. Ces compétences uniques possèdent un spectre large. Il est possible de catégoriser ces aptitudes à l'aide de deux thématiques.

Une Compréhension par la Collaboration

La transversalité de ces technologies impose de créer des comités d'experts permettant de mettre en commun les savoirs. Ces groupements offrent la possibilité de saisir l'ensemble des enjeux et des problématiques liées aux Mégadonnées. Sans ces colloques d'experts, il n'est pas possible de déployer les ressources et les compétences nécessaires pour exploiter à leur pleine capacité les données disponibles et ainsi d'en extraire toute leur valeur latente. Cette compréhension ne peut se faire que par la formation d'équipe **multidisciplinaire** permettant la collaboration d'experts ayant pour objectif une même finalité, une même vision.

Un champ disciplinaire Transverse

Cette notion se réfère aux compétences nécessaires, non seulement ici à la compréhension des problématiques, mais à l'utilisation des outils déployés. Son exploitation nécessite **une interdisciplinarité** qui permet de mettre en corrélation les points de vue des différentes analystes métiers de chaque activité de l'entreprise afin d'en faire émerger une notion globale. Elle nécessite une **pluridisciplinarité** afin d'envisager une même problématique, mais sous plusieurs points de vue scientifiques différents. C'est un travail de coordination et de synthèse, contrairement à l'interdisciplinarité qui correspond plus à un travail de conceptualisation. Elle nécessite également de la part de chaque utilisateur une **transdisciplinarité** en adoptant un état d'esprit fondé sur le fait de dépasser les barrières de chaque discipline pour permettre à la personne chargée d'analyser ou de modéliser de saisir la complexité des thématiques afin d'identifier au mieux les problématiques et les tendances.

Mettre en place cet environnement n'est pas aisé et ne doit pas s'effectuer au détriment d'une structure organisationnelle harmonieuse.

« Chief Data Officer »

Le Chief Data Officer « C.D.O. » s'identifie à un manageur de l'équipe associé à l'exploitation et la gestion des outils relatifs au Big Data. Il combine de fortes compétences métiers, tout en possédant cette vision transversale de l'ensemble des besoins associés aux projets. Désigné comme le garant de la bonne tenue du projet, il assure la normalisation de la gestion des données et de ces pratiques. Il doit s'assurer de la corrélation entre la stratégie de l'entreprise et les choix liés à l'exploitation des données.

Son rôle essentiel s'appuie sur la notion de traduction des problèmes opérationnels. Cette traduction s'opère dans les deux sens. Tout au long de l'exploitation des solutions, il doit toujours s'assurer que l'alignement stratégique est conservé. Le « C.D.O. » est un traducteur. Il collabore avec l'ensemble des parties prenantes et fait le lien entre les équipes fonctionnelles, techniques et organisationnelles.

Il est le rapporteur direct auprès du Directeur de la Stratégie (Chief Strategy Officer) qui s'avère être souvent le Président Directeur général (P.D.G.).

Parfois appelé ou concurrencé par le dénommé « Chief Digital Officer » qui doit s'assurer d'aligner la stratégie de transformation numérique avec la vision de l'entreprise et de rapporter directement au « CEO », voire au

PDG de l'organisation. Certains assumeront que le « Chief Digital Officer » diffère du « Chief Data Officer », d'autres diront que ces deux rôles sont confondus, et d'autres encore qu'aucun de ces deux rôles n'existent pas réellement. La seule réalité notable est que les responsabilités décrites ci-dessous doivent incomber à une personne au sein de l'organisme et qu'elles sont primordiales.

« Data Strategist »

Parfois assimilé au C.D.O. le « Data Strategist » dans de petites entreprises, ce rôle à la responsabilité de définir la stratégie d'utilisation des technologies déployées au sein d'une organisation et d'articuler les ressources utilisées. Il s'occupe de l'analyse de la demande pour orienter les produits développés à l'aide de ces outils. Il coordonne la commercialisation de ces produits et leur suivi. L'analyse de la demande passe par l'identification des besoins clients et par le développement de nouvelles offres à l'aide des Mégadonnées. Il développe un environnement prônant l'innovation et l'usage des Mégadonnées pour les futures conceptions.

Il répond directement au C.D.O. en ayant pour responsabilité un secteur d'activité, une zone géographique. Il s'assure de l'alignement de la stratégie déployée et de sa bonne exécution dans son champ d'expertise. Il aide le C.D.O. à la traduction de la stratégie en « recherche de données » et s'assure que cette traduction répond à un besoin actuel du marché. Il définit une feuille de route pour répondre aux problématiques client ou aux demandes des parties prenantes. Il gère les missions de leur réflexion à leur réalisation. Il s'occupe de la veille sociale et commerciale. Il exploite les outils d'analyse pour synthétiser les résultats et les présenter. C'est un travail qui requiert de la créativité, une compréhension des technologies, une connaissance des tendances de marché, et de son environnement. Il est entre le « Chef de projet » et le « Product Manager ».

« Data Scientist »

Le « Data Scientist » est le couteau suisse de la situation. Les compétences et qualités dont il doit faire preuve sont légion. Selon le type de projet, d'entreprise, et de secteur, ce rôle peut faire référence à de multiples fonctions. Il doit posséder aussi bien des connaissances techniques que fonctionnelles. En allant de la compréhension des opérations au jour le jour à la stratégie de l'entreprise au long terme, il est la clé de voute de ce type de projet. Il a le rôle d'exploiter les données et d'en faire bon usage afin d'en retirer les informations nécessaires à la résolution des problématiques opérationnelles diverses.

Dans le meilleur des mondes, le « Data Scientist » est : Statisticien, Analyste, Ingénieur et Informaticien. Organisé, il est un bon communiquant et sait maitriser l'art de la présentation. Il a tout autant une vision macro que micro de son environnement. Son rôle principal est le développement de modèles analytiques (algorithmes) et l'analyse des données. Il maitrise les différents types d'analyses et sait coder en R, Rubis, SQL, Python, Java, H2o…

Il allie, en plus de capacités humaines, ces différentes compétences techniques :

- Mathématiques : statistiques, algorithmes, modélisation…
- Technologie : Base de données (traitement, etc.), architecture, programmation…
- Expertise métier : compréhension des enjeux, stratégie d'entreprise, théorie de la décision, analyse diverse, économétrie, formulation d'hypothèse…

« Data Architect »

Le « Data Architect » aide à définir l'infrastructure et l'architecture fonctionnelle qui doit être utilisée ou mise en place. Si l'on considère le cycle de vie entière d'un projet, il est en relation avec l'intégration de la solution qui est employée pour la mise en œuvre du projet. Il s'assure des performances techniques des solutions déployées et que celles-ci sont bien en accord avec la charte projet définie en amont. Il certifie la sécurité des données : « flux, traitement, etc. ». Il possède de grandes compétences techniques lui permettant de programmer, de coder, et dans certains contextes d'effectuer des rapports statistiques. Les « Data Architect » sont souvent des experts dans des technologies spécifiques.

Business Analyst

Leur rôle n'a pas changé. Certains sont seulement détachés pour être intégré à l'équipe d'experts des analystes métiers ayant des vues spécifiquement liées à leur champ d'expertise permettant ainsi de centraliser les réflexions et les décisions prises liées aux Mégadonnées en s'assurant qu'elles satisfont au besoin de chaque activité opérationnelle de l'entreprise.

Directeur des Systèmes d'Informations

Les Directeurs des Systèmes d'Informations (DSI) ont également un rôle à jouer. Ils doivent s'adapter afin d'impulser un mouvement au sein de leur organisation dans le but de responsabiliser les dirigeants à ce type de problématique. La transformation digitale des entreprises doit venir de l'intérieur.

Le rôle du D.S.I n'est pas amené dans ce type de projet à subir de grands changements, mais à voir ces responsabilités évoluer. Ayant une connaissance exhaustive de l'ensemble du spectre technique de son organisation, le D.S.I. dans ce genre de cas a plus un rôle de chef d'orchestre interne. Il assiste les équipes d'intégrations en donnant rapidement accès aux informations nécessaires et en s'assurant de la cohérence du développement du projet. Il doit s'assurer que les différents projets qui peuvent être déployés en parallèle s'accordent bien avec la stratégie S.I du groupe et que les capacités actuelles ou en déploiement pourront répondre à l'ensemble des besoins futurs. Il ne doit pas seulement s'attarder sur la réalisation de problématique courante, mais anticiper et prévoir les changements futurs en adoptant des plans d'action permettant l'évolution de ces installations à moindre coût.

Il est en relation avec toutes les parties prenantes internes et externes. Il est multi projets. Il explore constamment de nouvelles solutions pour assurer la bonne conduite des projets et qu'aucun aléa, lié aux problématiques techniques et organisationnelles sous sa responsabilité, ne viennent entraver le développement des projets. Il est le pivot de la transformation digitale prenant place au sein des entreprises. Il doit être au fait des dernières innovations, méthodes, procédés permettant à son organisation de faire évoluer ces infrastructures et architectures. Il doit soumettre des propositions de projet et d'évolution technique permettant d'apporter à son entreprise un avantage défini. Il doit être pro actif et communiquer fortement sur la stratégie IT au sein de son organisation afin de fédérer toutes les parties prenantes vers une même vision du numérique.

Quelques questions afin de valider l'alignement stratégique :

- Pour chaque domaine d'activité stratégique, peut-on identifier deux à trois opportunités, possiblement issues de l'utilisation des Mégadonnées et apportant des valeurs ajoutées conséquentes ?
- De ces opportunités, peut-on en qualifier une ou deux afin d'avoir l'approbation des parties prenantes ?

- Peut-on identifier les défis liés à ces possibilités ? (Risques, ressources, contraintes…)
- Est-ce une transformation numérique complète des activités de l'entreprise ?

LES DONNÉES AU CENTRE DE LA RÉFLEXION

Dans le contexte du Big Data, il faut mettre en place un plan d'action agile qui identifie les étapes prioritaires tangibles. Mais en amont la définition des objectifs à court comme à moyen terme permet de déterminer le contexte d'étude.

Une fois que l'alignement global de la stratégie est effectué, il est primordial de tracer une feuille de route afin de délibérer sur les choix cruciaux en termes de besoins, de données, d'infrastructure, d'outils, de solutions au sens large. La distinction entre une bonne et une mauvaise réflexion est appréciable par le fait qu'une réflexion astucieuse structure les dilemmes en fonction de leur valeur ajoutée et de leur essentialité.

Choisir une approche heuristique *(se placer dans une posture active de questionnement, de remise en question, et d'acceptation critique)* afin d'acquérir une ligne directrice pour la planification un projet est conseillé dans ce type de thématique. Il est recommandable de mettre en œuvre des mesures itératives qui permettent des va-et-vient afin d'assurer de l'adéquation des phases d'incorporation. En d'autres termes, cela revient à adopter une vision d'ensemble en progressant de manière itérative tout en acceptant des changements de cap tout au long du parcours de réflexion. C'est l'approche « Christophe Colomb ». Après coup, le but atteint ne sera peut-être pas celui défini initialement, mais s'avérera tout du moins le plus optimal dans les circonstances actuelles. Cette méthodologie ne doit pas négliger la contrainte impérative de préserver cette vue d'ensemble inhérente au Big Data. Il faut se contraindre à identifier des solutions pour chaque besoin spécifique de chaque activité ; et par la suite établir graduellement une solution dans son absoluité.

Quelle feuille de route pour définir la mission et les objectifs ?

Les approches de résolutions et de définition d'un problème font l'objet d'une pléiade de recherches très pertinentes qui permettent de prendre pleine conscience des thématiques auxquelles il faut s'intéresser. Ici, le but n'étant pas de réaliser un résumé exhaustif de ces méthodologies, mais de faire ressortir quelques éléments essentiels en liant avec la bonne exploitation des données.

Démarche générique pour définir une solution répondant à des besoins spécifiques :

1. Formuler des hypothèses — Définir des problématiques
2. Établir des objectifs — Identifier des opportunités
3. Identifier des sources données
4. Reformuler les hypothèses
5. Réévaluer les objectifs
6. Déterminer les impact(s) opérationnel(s)
7. S'assurer de la conservation l'alignement stratégique
8. Identification de(s) la solution(s)
9. Planification d'un projet pilote

Il faut se focaliser sur la traduction d'un problème opérationnel vers le domaine des données. Puis identifier les données correspondantes et leurs besoins spécifiques.

Il ne faut pas de confondre vitesse et précipitation. Il ne faut pas analyser les problématiques et émettre des hypothèses sans avoir défini un cadre général. Ce réductionnisme n'a que pour impact de réduire les champs du possible. Ce n'est que suite à cette définition du contexte qu'il est judicieux de fixer certaines hypothèses spécifiques formant une problématique générale afin de structurer une feuille de route. La formalisation de ces objectifs sur les trois échelles de temps (court, moyen, et long) organise un schéma de pensée. Il est indispensable de saisir que la formulation des hypothèses et la définition des objectifs sont deux étapes concomitantes qui sont connectées mutuellement et doivent être traitées parallèlement !

Définir une problématique et formuler une hypothèse, c'est définir un contexte, faire un état des lieux. C'est effectuer une analyse et interpréter une situation.

Quelques exemples de questions génériques internes à une organisation :

- Les ressources sont-elles allouées et réparties de manière judicieuse ?
- Entre optimiser et réinventer une activité ?
- Y a-t-il eu des changements récents majeurs au sein de l'entreprise ?
- Quel est le service/produit à privilégier ?
- A-t-on intégré des programmes de retour d'expérience ?
- Les Employés sont-ils satisfaits de leur environnement de travail ?
- Quelques exemples de questions génériques externes à une organisation :
- L'image de marque est-elle toujours alignée avec la politique interne ?
- La segmentation cliente est-elle toujours aussi pertinente ?
- Les ventes sont-elles toujours aussi performantes ?

- Les tendances du secteur sont-elles de bons augures ? Comment y réagir ?
- Comment s'assurer et conserver une position dominante dans le temps ?

Ces interrogations permettent d'initier une remise en question des conditions actuelles. Sur la base de ces questions primaires se dessine implicitement un schéma de réflexion.

Comment faut-il formuler une hypothèse ?

Il faut s'orienter vers une méthode plus commune à l'identification de problématique ou de formulation d'hypothèse. Pour le bien de l'exercice didactique, il faut étayer quelques points permettant de définir une hypothèse afin d'acquérir des pistes de réflexion. Ceci par un exercice de questionnement on ne peut plus naturel.

Dans un premier temps, une analyse de l'environnement est nécessaire afin d'évaluer les changements internes et externes impactant l'organisation :

- Qui sont les clients/consommateurs (segmentation, typologie, sensibilité) ?
- Qui sont mes concurrents ?
- Qui sont les fournisseurs ?
- Quels sont les canaux de distribution ?
- Quels sont les éventuels produits de substitution ?
- Quelles sont les évolutions des marchés (attractivité globale) ?
- Quelles sont les possibilités de fusion, d'acquisitions ?
- Quelles sont les tendances (économique, gouvernementale, structurelle, sociale, technologique) ?
- Quels sont les avantages compétitifs spécifiques de chaque secteur d'activité ?
- Quel est le niveau de performance globale ?
- Quelle méthode est utilisée pour évaluer les risques ?
- Quels sont les risques futurs liés au secteur d'activité ?
- Quelles sont les capacités actuelles de l'organisation ?
- Quelles sont les ressources (tangibles, intangibles ?)
- Quelle est la structure de cout : fixe, variable, direct, indirect ?
- Quels sont les objectifs ? Quelle est la vision de l'entreprise ?

Ces remises en question permettent de formuler des hypothèses. Les problématiques possibles qui y sont liées sont multiples. La question est de traduire ces problématiques opérationnelles en termes de données ou de sources de données à identifier. Finalement pour déterminer quelle est la réalisation finale attendue de manière aussi bien quantitative que qualitative.

Comment fixer des objectifs ?

Fixer les objectifs correspond à la première étape qui permet d'esquisser une stratégie de déploiement. En analysant le contexte et en esquissant des pistes de solutions, des hypothèses sont formulées. Mais le besoin en termes de données et de résultats opérationnels est encore vague. Le but est de préciser les objectifs souhaités de manière concrète. Il faut focaliser les efforts sur des points spécifiques des activités pour déterminer ces objectifs.

Les objectifs explicitent clairement les espérances liées à l'utilisation de ces nouvelles technologies ? Ils expriment le fait que les technologies de pointe peuvent être utiles aussi bien pour des cas spécifiques que génériques.

Il faut définir ces objectifs sur plusieurs échelles de temps afin de prévoir une solution évolutive pour s'ancrer durablement au sein des activités de l'entreprise.

Quelques exemples d'objectifs possibles à court terme lié au déploiement :

- Numérisation des opérations
- Développement de compétences liées au domaine des Mégadonnées
- Mise en place un environnement innovant
- Standardisation des infrastructures liées à la gestion des données
- Quelques exemples d'objectifs possibles à moyen terme lié au déploiement :
- Alignement des activités opérationnelles
- Développement d'un réseau d'experts
- Transversalité des opérations
- Meilleure pénétration du marché
- Meilleure satisfaction client
- Réduction du temps de réponse au besoin
- Optimisation de l'allocation des ressources
- Quelques exemples d'objectifs possibles au long terme lié au déploiement
- Automatisation des transferts de connaissances
- Réduction du risque opérationnel

- Agilité dans l'intégration des futures innovations liées aux Mégadonnées
- Affirmation de sa position de leadeur sur le marché
- Identification de tendances (nouvelles sources de revenus)
- Compétitivité accrue (impact financier)
- Différenciation

Si aucun objectif opérationnel spécifique ne surgit et que la formulation une hypothèse sur les activités est impossible, il est possible de fixer des objectifs plus abstraits, ou générique. Ce dernier pourrait être : « Je souhaite développer une visualisation en temps réel de toutes les transactions financières de mon organisation ». Encore de ma manière plus large : « Je souhaite développer des compétences liées au 'Big Data' au sein de mon organisation ».

Ce n'est effectivement pas un objectif très affiné, mais ce dernier permet d'être un point de départ pour définir des facteurs de succès et d'étudier les possibilités d'effectuer des projets pilotes afin d'éduquer les utilisateurs aux différents outils. Le but est de hiérarchiser les facteurs définissant le succès du projet.

Comment hiérarchiser les facteurs de réussite ?

Définir les facteurs de succès de chaque objectif et sous-objectif est un moyen significatif de concrétiser les attentes et de les lier à la réalité de l'entreprise. Qu'est-ce qui définit la validation de mon projet ? Quel est le résultat final quantitatif attendu ? Il faut s'intéresser au lien existant entre la qualité et la quantité attendue, avec la qualité requise durant les processus de traitement des données.

S'interroger sur les résultats attendus au cours de chacune de ces transformations permet de définir les critères qualitatifs et quantitatifs des objectifs. Chacune de ces étapes est définie par des paramètres quantifiables. Il est également important de s'attarder sur les caractéristiques critiques liées à la qualité de la solution telles que la performance attendue, la procédure suivie, la capacité souhaitée, l'appétence aux risques.

Il faut définir les conditions témoignant de l'aboutissement des objectifs. Les bonnes exigences tentent d'être le plus exhaustives possible en prenant en compte l'ensemble des enjeux.

Par exemple, atteindre une augmentation de 10 % des ventes du produit « A » — en rapport à l'objectif spécifique d'augmenter les ventes du produit

« A » — lui-même subordonné à l'objectif à long terme d'améliorer les marges de l'entreprise. (*On suppose ici que les couts fixes de l'entreprise sont élevés et que les couts variables sont faibles. Ainsi, en jouant simplement sur l'économie d'échelle, une simple augmentation du nombre d'unités vendu va permettre d'améliorer la marge opérationnelle.*)

Réduire la perte mensuelle de désabonnement des « newsletters » des clients de 15 % — en rapport avec l'objectif à moyen terme de rétention des clients.

Attendre 250 000 nouveaux téléchargements pour l'application déployée en janvier dernier — en rapport avec l'objectif à court terme de la visibilité sur les supports mobiles.

Ces critères de réussite sont à mettre en corrélation avec les objectifs et les problématiques formulées au travers des hypothèses. Le facteur de réussite d'atteindre une augmentation de 10 % des ventes du produit « A » fait référence à l'objectif à long terme d'améliorer les marges de l'entreprise. Ce dernier fait écho à l'hypothèse d'un problème de rentabilité et que ce danger proviendrait d'une marge opérationnelle faible.

La définition des mesures de performances doit être le résultat d'une réflexion aboutie. Par exemple, la mesure des performances commerciales implique une action de groupe proactive de la part des salariés afin de quantifier le plus fidèlement les activités de l'entreprise.

Définir des critères judicieux implique une excellente compréhension de l'ensemble des problèmes opérationnels auquel l'organisation est confrontée. Le Big Data rend possible cette occasion de prendre la pleine mesure de l'ampleur du problème.

Comment peut-on apprécier ce dont une organisation a besoin, lorsqu'on ne sait pas ce que l'on cherche ? C'est justement avec ce soutien apporté par ces nouvelles technologies qu'il faut adopter un raisonnement inductif. Il faut, envisager des modèles et interpréter des informations, spécifier des tendances intuitives, en imaginer les causes pour finalement en déduire une logique qui donne les moyens de remonter à la source du problème. Il faut se donner les chances d'identifier ce que *Donald Rumsfeld* nommait les *« unknown unknowns »* qui font référence aux changements qui n'ont pas encore été identifiés et dont les circonstances d'apparition sont minimes, mais dont les incidences sont majeures. Ce sont les signaux faibles de l'environnement dans lequel évolue un système émet et qu'il est crucial de saisir afin d'anticiper un changement.

Le but optimal est de créer une vue d'ensemble interactive de la structure étudiée qui permet de comprendre une entreprise comme un tout et d'agir en conséquence.

Pour conclure, cette partie a mis en exergue la réflexion à adopter permettant de transcrire un objectif opérationnel relatif à une activité d'une entreprise jusqu'aux prémices de la réflexion sur la mise en place d'une solution.

Identifier les ressources spécifiques

Au-delà du capital humain, il est nécessaire de prendre en comptes trois types de ressources distinctes avant d'étudier la phase de déploiement :

- L'infrastructure requise : serveur, stockage…
- Les plateformes et les outils d'analyses : traitement, modélisation, visualisation…
- Les données en elles-mêmes

Déterminer ces trois types de ressources est une tâche ardue. Les besoins liés aux données varient en fonction de leurs caractéristiques. Certaines catégories de données nécessitent des analyses en temps réels. D'autres ont besoin de subir des traitements spécifiques. D'autres ont besoin des fréquences de traitement différentes. D'autres données émanant de sources externes doivent subir des transformations afin d'être lisibles par l'ensemble des outils déployés. D'autres nécessitent des volumes de stockages considérables. Toutes ces conditions sont à prendre en compte pour s'assurer de l'homogénéité globale du fonctionnement de la solution.

Recommandations :

- Identifier le besoin en ressources supplémentaires
- Quantifier le niveau d'effort que ce soit d'un point de vue financier, humain…

Comment analyser l'environnement relatif aux données ?

Il faut obtenir une compréhension méticuleuse des besoins des données pour que les solutions déployées soient la possibilité de produire les résultats attendus. Les deux points importants sont :

- Le choix des sources de données appropriées
- La collecte des données à partir de ces diverses sources

Cette analyse débute par une revue des données qui sont et ne sont pas à disposition. Après coup vient l'étape de juger celles qui se montrent être propices à la résolution des problématiques. Initialement, les données sont isolées et emmagasinées dans des serveurs, dissociés les uns des autres, correspondant aux différentes activités stratégiques ou elles sont produites. La priorité est et reste la donnée. Il faut voir les données comme une ressource supplémentaire de l'entreprise et comme toute ressource, elle se doit d'être concentrée et localisée là où elle sera la plus utile.

Quelles données sont exploitables ?

Il peut s'agir de sources de données internes propres à l'entreprise ou bien externes en accès libres, qui ont été pour la plupart rendus publics. Une source de donnée peut être fragmentée, et ces fichiers désordonnés. Ceci implique la reconstruction dans son intégralité afin d'en extraite les informations espérées. C'est cette dernière notion qui montre que l'identification des sources de données impacte sur la suite des actions à mettre en place.

Pour identifier des sources de données, il faut :

- Comprendre les problématiques étudiées
- Identifier les activités opérationnelles impliquées
- Identifier les types de données (informations) nécessaires pour traiter ces problèmes

Majoritairement, les données produites par les activités d'une entreprise sont facilement identifiables. Par exemple, un service des Ressources Humaines possède des données sous forme de curriculum vitae. Les services clients possèdent des données sous forme de fiche client...

Toutes ces sources de données, contiennent-elles des données structurées, non structurées, ou semi-structurées ? Voire une combinaison de ces différents types.

Quelques exemples de sources externes en fonction de la nature des données :

- Les sites internet contenant des images et du texte sont considérés comme des données non structurées
- Les sites de « e-commerce » contenant l'évaluation de produits, des informations sur les marques, des commentaires, sont considérés comme contenant des données étant en apparence non structurée,

mais ayant une certaine signification dans son ensemble. On les catégorise comme des données semi-structurées.
- Les sites internés stockant des informations relatives aux clients : adresse postale, nom, date de naissance, genre, adresse e-mail, sont considérés comme des données structurées étant par défaut engrangées dans des bases de données plus traditionnelles de type SQL.
- Les sources publiques :
    - https://www.data.gouv.fr/
    - http://opendata.paris.fr/
    - https://data.sncf.com/
- Les partenaires, les experts, les institutions…

Quelques exemples de sources internes en fonction de la nature des données :

- Les intranets de l'entreprise peuvent contenir toutes les informations relatives aux salariés (données structurées). Cette dans cette espace de collaboration que des forums de discussions ou des échanges entre les unités opérationnelles s'opèrent et permettent une certaine transversalité. Ce partage interne est une future source d'informations qui peuvent se révéler déterminantes pour suivre le taux des personnes faisant part de leur désidérata d'observer un changement ou une évolution. *(Données non structurées)*
- Les documents de gestion, fiches fournisseurs, compte rendu de réunion, études marketings, rapport de vente, documents comptables, etc. *(donnée structurée)*

Suite à l'identification les sources de données exploitables, il est prééminent de caractériser la nature des données provenant de ces sources distinctes et inégales.

Quelques exemples de formats de données exploitables :

- Excel (.xls. xlsx)
- Fichier de statistiques (. sav. rdata. sas7bdat)
- Fichier texte (.txt. cSv. tab. TWb. logs)
- RSS, XML, JMD/MQ, URL externe

Quelques exemples de données « produites » par l'homme :

- Données produites de façon indirecte : clic sur un hyperlien, comportement dans un jeu vidéo ludique du joueur, SMS, e-mails, réseaux sociaux, YouTube.
- Données produites de façon directe : Formulaire, sondage...

Après avoir exprimé le fait que les données peuvent se trouver sous des natures différentes et quelles peuvent être stockés ou se matérialisé par paquet de manières plus au moins lisible, il est remarquable avec l'avènement des objets connectés et des capteurs sensoriels qu'une nouvelle source de production des données soit disponible. La communication entre machines « Machine To machine — M2M ». Les données produites par les machines sont complexes et peuvent être structurées comme non structurées. Les capteurs sensoriels, GPS, dispositifs médicaux, etc. produisent des informations sur les comportements des consommateurs, sur le comportement des machines en elle-même. D'un autre côté, ils fournissent des informations plus classiques comme des transactions financières, la gestion des stocks, etc. La communication entre machines correspond à un besoin d'analyser et de traiter des données en temps réel et avec une volumétrie très importante.

Quelques exemples de données *(semi-structurées)* produites entre des machines

- Données météorologiques, données des capteurs terrestres et données satellites
- Données liées à la surveillance et la sécurité par audiovisuel, Radar, GPS...

Quelles données sont à rechercher ? Comment s'interroger sur la nature des sources de données, comme sur la nature des données. Il faut associer une ou plusieurs sources et types de données à chaque objectif stratégique. Plus un grand nombre de données est identifié, plus il est probable que le résultat extrait des analyses qui en découlent exprime la réalité des opérations de l'entreprise dans son ensemble.

Quelles données ne sont pas disponibles ?

L'action subséquente est d'effectuer le diagnostic des données auxquelles, soient l'accès est difficile, soit les données sont simplement inexistantes. Des alternatives sont possibles. Par exemple, réévaluer les objectifs initiaux afin de les rendre plus adaptés aux outils à disposition, voire définir l'ampleur de cette carence (en donnée) en vue d'établir des alternatives valables :

- Ces données auraient-elles eu un réel impact sur la solution prévue ?
- Faisaient-elles partie d'un objectif à court terme ou à long terme ?
- Est-il possible d'envisager de se « procurer » ses données en faisant appel à une source externe ?

Il est possible d'obtenir l'accès à un ensemble de bases de données externes prétraitées, par achat, affiliation, ou partenariat. Il est néanmoins difficile d'accéder à l'information souhaitée sans tout de même y opérer, à postériori, un traitement afin d'aligner les données avec les spécificités du projet.

À cet instant, l'ensemble des données est défini et des sources de données sont identifiées. Les objectifs à atteindre à court terme comme au long terme afin de s'aligner avec la stratégie sont fixés. La prochaine étape est de mettre l'accent sur les besoins des données. Ceci passe par une prise de conscience des outils et technologies à mettre en place afin de tirer profit de cette banque de données.

Comment définir les besoins des données?

En fonction de la nature des données retenues, les besoins en termes de stockage, de vitesse, d'accessibilité et de volumétrie vont évoluer.

Définition d'une donnée

Sur un niveau général, il est possible de définir des données en se basant sur ces trois caractéristiques.

- Composition (correspond à la structure des données) :
  - Source
  - Granularité de l'information
  - Nature
  - Format

- Contexte (évènements associés aux données)
- Condition (état des données, avant ou après prétraitement)

Les données ont trois besoins essentiels en termes :

1. Infrastructure
2. Architecture

3. Technologie d'analytiques avancées (technologies, outils, applicatifs)

Quelques questions préliminaires pour anticiper les différents choix stratégiques :

- Quelle est la structure des sources de données utilisées ? Non structuré, semi-structuré ou structuré ? Interne ? Externe ? Lesquelles ?
- Quelle méthode d'« ingestion » des données utilisées ?
- Comment gérer les différences de volume ?
- Comment stocker ces données ?
- Quelle capacité est nécessaire ?
- Stockage : Physique ? « Cloud* » ?
- Déterminer les flux de données à traiter ;
- Est-il nécessaire d'effectuer des traitements en temps réel, en mémoire, à la demande, par lot (batch) ? Quelles exigences cela implique de choisir telle ou telle méthode d'analyse ?
- Comment visualiser les informations résultantes ?

*Le « Cloud » (Nuage)

Le « Nuage » donne accès à des ressources à distance telles que des applications, des capacités de stockages, de la puissance de calcul, etc. Plutôt que d'investir dans des structures physiques qui subissent l'érosion du temps, il est possible de « louer » de « payer à l'usage » des ordinateurs, des serveurs de stockages ; et des machines virtuelles.

Par exemple, ces options délivrent une meilleure flexibilité aux entreprises pour répondre à leurs besoins à court terme en envisageant de traiter des problèmes nécessitant des puissances de calcul supérieur.

Un autre exemple est la location de service « tout-en-un » pour une période déterminée permettant d'offrir la possibilité de « contrer » cet effet négatif de l'immobilisation définitive du capital investi dans des projets liés au Big Data.

Il existe trois natures de « Cloud » :

- Public
- Privé
- Hybride (Public-Privé)

Il existe trois types de service « Cloud » :

- IaaS (Infrastructure comme un Service)
    - Machine virtuelle
    - Stockage de masse, puissance de calcul…
- PaaS (Plateforme comme un Service)
    - Services spécialisés
    - Déploiement d'applicatifs personnalisés…
- SaaS (Logiciel comme un Service)
    - Plateforme diverse
    - Outils d'analyses spécifiques…

Faire la distinction entre le « IaaS », le « PaaS » et le « SaaS » est de plus en plus difficile. Par exemple, de plus en plus les services dénommés « IaaS » par les fournisseurs de service « Cloud » délivre également la possibilité de gestion d'applicatifs qui se rapproche du service fournit par un « Cloud » de type « Paas ». Dès lors, le choix technologique va dépendre des réponses apportées à l'ensemble de ces problématiques.

Il faut garder à l'esprit qu'il y a trois thématiques critiques liées aux données qui garantiront la réussite du projet et que ces trois étapes sont corrélées à la cohérence et l'adéquation dont il faut faire preuve en sélectionnant les outils allant de pair avec les besoins des données. Les thématiques critiques sont **le stockage et la sécurisation des données** (infrastructure et architecture), **la qualité des données exploitées** (architecture et technologie d'analytique avancée) et **l'interprétation et la restitution des données** (outils technologiques et applicatifs).

Quelques recommandations pour une première estimation du besoin des données :

- Identifier clairement les données exploitables et pertinentes pour les problématiques
- Envisager les hétérogénéités pouvant apparaitre
- Anticiper la chaine de valeur des données

Comment agréger des données ?

Adopter une stratégie pour ingérer les données est essentiel. Les organisations ont des structures formatées qui fragmentent les données produites en corrélation avec leurs domaines d'activités. Rendre utiles ces données passe par la possibilité de les agréger et de les réorganiser afin de mettre en évidence des informations à valeur ajoutée.

L'intégration et la transformation des données sont des étapes clés. Un même objectif peut nécessiter des données de nature distincte. Il faut acheminer toutes ces données en un lieu « virtuel » unique. Malgré la standardisation des flux (communication entre les différentes architectures technologiques), l'hétérogénéité des formats utilisés persiste. Ceci se révèle être l'entrave dominante ralentissant le développement des échanges d'informations. Comment ainsi garantir le transfert efficient des données entre plusieurs sources de données ?

On peut identifier différents types d'intégration en fonction du projet nécessitant chacune d'entre elles des outils spécifiques :

- Les projets d'intégration de « progiciels » : CRM, ERP...
- Les projets d'intégration d'applicatifs, et de bases de données diverses.
- Les projets de communication en interne comme en externe et la gestion entre des applicatifs.

Quels sont les différents procédés pour permettre entre autres l'intégration des données :

- ETL (Extract Transform Load) —Extracto-chargeur
- ELT (Extract Load Transform) et ET-LT

ETL

Les processus ETL (Extraction, Transformation et Load) — « Extraire, transformer, charger » sont les étapes les plus critiques pour former une base de données unifiée, homogène et viable. Cette phase comprend de nombreux défis. Le procédé dénommé « ETL » permet de regrouper les données sur une unique base de données. Ce sont les 3 étapes qui forment ce procédé qui sont, en partie, déterminantes pour les performances ultérieures des outils d'analyses et de la plateforme virtuelle.

Les techniques « ETL » garantissent l'agrégation et le transfert des données entre deux systèmes distincts. Ces outils se focalisent sur des traitements de masse par lot « batch ».

1. **Extraction**

Cette étape consiste à atteindre et décrypter la multitude des sources de stockage (base de données, SGDR…) dans le but de capter les données utiles à la solution envisagée.

Qu'est-ce qu'une base de données ?

Une base de données représente de « l'information » stockée au sens large. Elle sert de service de stockage, de sauvegarde « backup » d'applications. De nature à stocker l'information de manière structurée ou non, une base de données accorde, en général, un accès direct, en temps réel, à l'information emmagasinée afin de permettre des mises à jour, des modifications, etc., tout en garantissant une sécurité forte de l'information ainsi délivrée. Une base de données suggère une maintenance régulière, des mises à jour, et un suivi précis pour s'assurer de la bonne performance et de la cohérence des informations délivrées. L'accent est mis sur l'unicité des données présente dans une optique d'optimisation de l'espace.

Quelques exemples de problématiques liées à cette étape d'extraction ?

- Identifier de tous les formats de données nécessaires
- Indexer des données pertinentes
- Hiérarchiser les sources de données
- Déterminer la fréquence de rafraichissement (Envoi/Réception)
- Caractériser la volumétrie des données

2. **Transformation**

Cette étape est une phase intermédiaire avant le chargement des données dans un **serveur central**. Les données sont : « Parsées », « Indexées » (cartographie des données), puis « Traitées ». Toutes les données ne sont pas utilisables telles quelles. Cette étape permet, en amont, de vérifier (nettoyage, formatage) la cohérence des données entre les différentes sources afin de résoudre les éventuelles anomalies. Elle enrichie certains paquets de données par des données externes avant de les transformer pour se conformer aux exigences du format demandé en sortie (avant le chargement).

Serveur central — terme générique

Les serveurs centraux délivrent de manière consolidée les données utiles à l'entreprise dans le but de les analyser et de les examiner pour en extraire des informations pertinentes à valeur ajoutée.

Quelques exemples de problématiques liées à cette étape de traitement :

- Mode de traitement : Par lot « batch » ou Pseudo temps réel « Stream » ?
- Volumétrie des données
- Interopérabilité des solutions retenues
- Flexibilité de la solution retenue (rajout de sources de données)
- Validation et Nettoyage des données
- Transformation vers différents types de formats
- Association des types de données (structurées, semi-structurées, non structurées)
- Le compromis : Compression — Perte sans altération de l'information.

La transformation des données de natures semi-structurées et non structurées est un défi qui appelle à une certaine normalisation dans les règles déployées pour une meilleure intégration avec les données structurées historiques.

3. Chargement

Cette dernière étape correspond aux chargements des données traitées dans les différents serveurs centraux. L'insertion des données dans les sources cibles doit être compatible avec une multitude d'outils d'analyses (requête, compte rendu, visualisation, etc.) ou de stockage.

E (T) — LT

Ce procédé effectue les mêmes étapes que l'extracto-chargeur, mais avec un ordonnancement distinct. L'arrivée de ce processus a été mise en valeur depuis que les entrepôts de données (définition ci-après) ont la capacité de transformer les données. Ainsi il n'est plus nécessaire d'effectuer la transformation des données entre la base de données source et la base cible. Pour des raisons de volumétrie, ce procédé est recommandé afin d'optimiser les vitesses de traitement des données. Les outils les plus récents permettent d'effectuer l'organisation méthodologique suivante :

1. Extraction
2. (Transformation)
3. Chargement
4. Transformation

En fonction du **besoin des données**, les nouvelles plateformes sont évolutives peuvent passer d'un procédé ETL à ET — LT. Le maitre mot reste encore et toujours de s'adapter aux modifications constantes des besoins des données.

Outre l'étape cruciale de transformation des données. L'étape d'**intégration** des données vers différentes applications et/ou serveur centraux peut être effectuée à l'aide d'autres outils, comme :

- EAI (Enterprise Application Integration)
- EII (Enterprise Information Integration)
- EDR (Enterprise Data Replication)
- ECM (Enterprise Content Management)
- ESB (Entreprise Service bue)

Ces outils ne sont pas des instruments permettant de remplacer les outils dits « ETL », mais sont à voir comme des compléments permettant en fonction des besoins de volumétrie, d'analyses en temps réel ; et des natures des données, d'assister les étapes d'intégration, de consolidations, de communication vers divers applicatifs. Là où un « ETL » est spécialisé pour le traitement des données et ne permet pas l'intégration de processus métier.

Ces outils sont perçus également comme des sources complémentaires pour les « ETL ». Ils sont des suppléments parfois nécessaires en raison de l'architecture fonctionnelle retenue, et dans certains cas, ils deviennent indispensables. Ces outils se focalisent sur ces problématiques suivantes : « mémoire cache », « communication », « transcodage », « interopérabilité », « traces », « transactions », etc.

Par exemple, un « EII » peut être indiqué lorsque la vitesse de traitement requise est élevée, ou que la variété des données est importante, et qu'une analyse en temps réel (par requête SQL) est requise.

À contrario, un « EAI » (IAE, en français) peut être indiqué pour une faible volumétrie ou un besoin de transformation limité (format XML), mais qui requiert une interopérabilité entre les sources en entrée et les sources en sortie ?

Un « EAI » opère au niveau des applicatifs en permettant d'exploiter des données, quelles que soient la source et leur nature. Un « EAI » joue le rôle de « médiateur », etc.

Quelques exemples d'utilisation :

- Permettre le transfert de données entre d'un système prioritaire vers un tiers
- Automatiser des transferts afin de récolter des données commerciales
- Permettre un échange de données entre un site internet et des services clients
- Agréger des comptes utilisateurs vers des tableurs

Un « ESB » est une sorte « EAI » spécifique. Utilisant le protocole « XML » pour décrire un message, et le protocole « SOAP » comme protocole de communication ainsi que les web Services. Son fonctionnement est complètement standardisé. L'ESB apporte une vision transverse à l'architecture décisionnelle en permettant à des systèmes d'acquérir certains services qui ne leur étaient de base non accessibles. Grâce à cette standardisation, l'ESB permet de se concentrer sur des fonctionnalités d'interopérabilité plus performante que l'EAI.

Quelques exemples d'utilisation :

- Échange d'inter applications
- Service de routage
- Traitement automatisé
- Gestion des flux
- Création de connecteurs
- Partage de fonctionnalités vers d'autres applicatif

Dans le but de rendre un peu concrète cette dernière partie, voici un exemple illustrant le cas de l'implémentation d'une solution de type Big Data qui implique une forte volumétrie. La mise en place d'un outil de type « ETL » couplé à des outils « EAI » et « EII » peut dans pour ce cas spécifique se schématiser de cette façon :

Quelques questions préliminaires :

- De quelles façons les données sont-elles ingérées ?
- Quel est le besoin en transformation des données ?
- Quelle est la source d'arrivée ? Quelle est l'accessibilité requise ?
- Comment la véracité des données peut-elle être maintenue (perte d'informations) ?
- Quelle est la vitesse de traitement et de requête nécessaire ?

Comment sélectionner l'infrastructure et l'architecture ?

La résultante des solutions retenues est bien souvent une combinaison des différents outils permettant au mieux de gérer les flux et le stockage des données afin d'accomplir les tâches complexes assurant la qualité et la diversité des opérations demandées.

Chacune des étapes par lesquelles transitent les données est toute aussi importante les unes que les autres. Lorsqu'elles sont bien exécutées, elles contribuent chacune à leur manière à la qualité du résultat attendu. Elles impliquent un paramétrage minutieux en amont qui nécessite une attention particulière dans le choix des outils implémentés et utilisés et dans le respect de la bonne exécution de ces diverses transitions.

Au vu de la légion des conceptions réalisables, il est nécessaire d'appréhender les interactions entre les différentes couches des solutions liées aux Mégadonnées permettant de construire un projet Big Data, mais également de saisir les corrélations entre chaque couche et chaque étape de traitement des données.

Il faut réaliser un schéma directeur et fonctionnel qui couvre l'ensemble des besoins des données à chaque stratification de la solution architecturale et structurelle.

Les trois premières étapes qui sont l'agrégation, le nettoyage, et l'extraction pour le traitement des données imposent des besoins en termes d'infrastructure. La réflexion ne doit pas seulement se porter sur les différentes conceptions et « puzzles » possibles au niveau des logiciels et des solutions technologiques, mais également sur le « véhicule » physique convenable en fonction du procédé retenu.

Infrastructure

Pour satisfaire aux exigences du Big Data, une infrastructure informatique se doit d'être évolutive et en accord avec cet aspect volumétrique non négligeable. Cette infrastructure doit permettre un accès efficace et partagé aux informations stockées, ce qui implique l'accent sur l'aspect sécuritaire des connexions. Il faut optimiser l'accessibilité et la disponibilité aux différentes plateformes. *Les besoins en termes d'accès seront variables en fonction de l'outil utilisé, des données réquisitionnées.*

Quelques exemples de questions liées à l'infrastructure :

- L'infrastructure est-elle capable de supporter les évolutions constantes ?
- Peut-elle répondre à l'ensemble des besoins (volumétrie, accessibilité, latence) ?
- Doit-elle traiter des données à caractères sensibles (sécurité, conformités de la véracité des données) ?
- Permet-elle une segmentation efficace pour répondre aux différents besoins en termes de support ?
- Doit-elle permettre un accès public ou rester strictement privée ?
- « Cloud » v. « On-premise » ?
- Quels applicatifs peut-elle supporter ?
- Quels sont ces ratios de performances (tolérance d'erreurs, intégrabilité) ?

Le surcout lié à l'infrastructure peut être une occasion de reconsidérer les solutions en termes de logiciels. La sélection de l'infrastructure adéquate a à un grand impact sur l'efficacité globale des outils dans le cadre des Mégadonnées (Volumétrie, Variété, Vélocité, Versatilité). Cette architecture doit répondre au besoin de transformations des données évoqué précédemment, mais aussi supporter l'ensemble du flux des données. Cela englobe les tâches de saisie des données en temps réel à l'analyse finale effectuée par l'utilisateur, en passant par le stockage des données en cours de traitement ou en fin de chaine dans un but de restitution visuelle. L'**adaptabilité** des plateformes aux évolutions technologiques futures comme les « objets intelligents » et la capacité d'opérer dans le nuage ou non doit être un paramètre majeur du choix définitif.

Néanmoins, cette infrastructure doit être complétée par toutes les couches intermédiaires facilitant l'exploitation des données pour réaliser les objectifs définis par les buts à court terme comme à long terme. Que ce soit les étapes de visualisations, de conversion, ou d'analyse, ces sous-couches ont tout aussi structurantes que les fondations (infrastructures).

Architecture Technologique

La sélection de l'architecture (plateformes, logiciels, etc.) prend en compte des critères essentiels tels que, les ressources disponibles, les compétences requises, et les risques associés, tout en répondant au besoin initial et en s'accordant à l'infrastructure préalablement déployée.

Une plateforme - gestionnaire des données

Les plateformes permettent l'intégration et l'exploitation des données provenant des sources externes telles que les réseaux sociaux, les mobiles, et les technologies liées aux « objets intelligents », et les technologies dites « Open source ». Ces gestionnaires de données possèdent une flexibilité reconnue en acceptant des « strates supérieures » diverses qui ont pour rôle d'être les garantes d'une pluralité d'utilisation.

Par exemple, un **entrepôt de données**, ou base de données décisionnelle — « *Enterprise Datawarehouse* » *(EDW)* — présentent des besoins particuliers en termes de transformation de données. Ces entrepôts sont le lieu ou prend place des actions capitales, telles que, l'indexation, le nettoyage, la transformation ; et l'intégration des données. Il est nécessaire de jongler entre le besoin en termes de transformation des données et le besoin des architectures pour accomplir ces opérations.

L'entrepôt de données — « DW » ou « EDW »

Les « DataWarehouse » (DW) représentent les serveurs de stockages de données qui auraient été au préalablement « nettoyées », « consolidées », et parfois « indexées ». Un entrepôt de donnée est un type particulier de base de données qui se focalise sur un besoin spécifique. Cela impose des contraintes supplémentaires et ainsi une architecture conceptuelle autour de ce type de base de données spécifique. Contrairement aux bases de données classiques, l'entrepôt de donnée va stocker des données provenant de diverse base de données (internes, comme externes) afin d'opérer plusieurs copies d'une même information dans le but, par exemple, d'effectuer des comparaisons entre plusieurs jeux de données.

Dans un « DataWarehouse », l'information est stockée de manière à optimiser l'analyse de l'information stockée. Le système de gestion utilisé est le « NoSQL » contrairement aux bases de données qui utilisent le langage informatique classique, le « SQL ». (Voir ci-après pour le détail « NoSQL v. SQL »).

Synthèse :

- L'entrepôt stocke des données spécifiques à un sujet précis.
- Les données sont structurées et prêtent à être analysées
- Ce n'est pas un serveur de stockage générique, car les données qui y sont chargées auront une utilisation prédéterminée. *Le terme « entrepôt » peut alors porter à confusion.*

Le Magasin de données — DM

Le Magasin de données « DataMart » est une extension de l'entrepôt de données, certains affirment que c'est une version réduite d'un entrepôt de données. Le « DataMart » est utilisé dans un but applicatif. Une extension du « DataMart » est le Magasin de données en temps réel, « LDM », qui permet d'analyser instantanément les données pour définir, par exemple, des systèmes d'alerte, de notifications, etc.

Synthèse :

- C'est la partie de l'entrepôt de données qui donne une interface possible à l'utilisateur : « Partie cliente » du stockage, là où le « DW » est la « Partie Serveur » du stockage.
- Dans cette sous-couche, les données sont soumises à des analyses.

L'entrepôt de données et le magasin de données sont tous les deux alimentés par les outils de type « extraco-chargeur » (ETL) défini dans la partie précédente.

En ce qui concerne le stockage des données, il y a deux possibilités :

- SGDR (« RDBMS », en anglais) : basé sur du « SQL »
- SGBD : » basé sur du « NoSQL » et « HDFS »

Qu'est-ce qu'un Système de Gestion de Données relationnelles (SGDR) ?

Ce système traditionnel a été le premier système de stockage des données à être mise en place. Les données sont ordonnancées d'une manière très rigide. Cette technologique n'est pas très adaptée aux sujets liés aux Mégadonnées, mais elle reste un maillon essentiel de la chaîne de valeur des données qui ne faut pas omettre.

Qu'est-ce que « NoSQL » ?

Les SGBD (système de gestion des bases de données) de type « NoSQL » (non seulement SQL) stockent et diffusent un grand nombre de données. L'avantage réside dans l'agilité de l'association des données permettant un support viable techniquement pour des analyses en temps réels, statistiques, etc. C'est le système le plus répandu pour traiter les sujets liés aux Mégadonnées.

Inversement aux SGDR dites « classiques », le « NoSQL » permet de porter l'accent sur les données peu structurées grâce au concept qui se concentre autour des bases de données distribuées — SGBDD (système de gestion des bases de données distribuées) ou SGBDR (système de gestion des bases de données réparties).

Contrairement au SGBD, les SGBD-R/D sont administrées par plusieurs processeurs. Les SGBD-R/D ne doivent pas être confondues non plus avec des « multi » base de données qui représente des serveurs de stockage qui sont accessibles via une seule interface, mais qui représentent bien des bases de données distinctes.

Quelques exemples de désavantage du « NoSQL » :

- Le coût : la distribution entraine des couts supplémentaires en termes de communication, et en gestion des communications (hardware et logiciel à installer pour gérer les communications et la distribution)
- La sécurité : la sécurité est un problème plus complexe dans le cas des bases de données réparties que dans le cas des bases de données centralisées. (Récupération des données, supports)

La masse des données analysées ne cesse de s'accroitre, il n'y a aucune raison que le « NoSQL » ne s'impose pas comme un standard pour résoudre ces problèmes spécifiques aux Mégadonnées. Mais la décision d'utiliser cette technologie doit s'appuyer sur le fait de prendre en compte, premièrement, la volumétrie des données à traiter, mais également la problématique de l'accessibilité, *c.-à-d. : assurer une continuité des services souhaités.*

Cependant, il ne faut surtout pas entériner la fin du « SQL », qui dans des cas précis, comme pour le bon fonctionnement des services « Cloud », permet une économie considérable sur les coûts de fonctionnements (considérations techniques).

L'inconvénient est la nécessité que les données emmagasinées soient structurées avant d'être stockées. Pour ce qui concerne, plus particulièrement, les formats de données, aucune des deux technologies n'est à favoriser et ce choix dépend plus de l'ensemble des besoins annexes à combler.

Le Lac de données — Data Lake

Cette expression a été prononcée par le « CTO », James Dixon, de la startup « Pentaho » qui a décrit ce terme de cette façon : *If you think of a DataMart as a store of bottled water – cleansed and packaged and structured for easy consumption – the Data Lake is a large body of water in a more natural state. The contents of the Data Lake stream in from a source to fill the lake, and various users of the lake can come to examine, dive in, or take samples.*

Généralement, les données ne seront pas utilisées directement dans l'espace de stockage (entrepôt de données), celle-ci sera exclue de l'entrepôt de données afin de préserver l'espace de stockage. Toujours est-il que le terme « Lac de données » fait référence, au contraire, au fait de conserver toutes les données sans prêter attention dans un premier temps à leur utilité future. Au sein des « Data Lake », les données sont conservées sous leur forme brute, sans subir de modification. C'est cet accès direct à l'information sous sa forme la plus pure qui permet à bien des égards d'accéder à la meilleure valeur ajoutée. Le rendement vient bien entendu coupler avec le risque de perdre un temps précieux. Cela revient « à chercher une aiguille dans une botte de foin ».

Le « Data Lake », contrairement à l'entrepôt de données et le magasin de données, se base sur le principe de l'« ET-LT », décrit précédemment. C'est au cours de cette étape que réside la principale différence avec l'entrepôt de données et qu'en découlent les multiples conséquences sur les limitations d'utilisations et sur les nouvelles opportunités disponibles.

Pour certain, le terme « Data Lake » est une notion inappropriée au besoin de l'entreprise. D'autres termes apparaissent chaque jour à des fins diverses (marketing, précisions scientifiques, etc.) telles que le terme « Logical Data Warehouse » proposé par *Gartner* et *IBM*.

Technologie

« Cassandra, Hadoop, Hive, H2o, Sparks, etc. » - toutes ces technologies permettent l'analyse des données de masses et se focalisent essentiellement sur le développement des outils soit de calculs en parallèle, soit de redistributions des données pour permettre un meilleur traitement, soit de développement de modèle permettant une meilleure analyse des données non structurées.

Avec l'avènement du Big Data, un besoin d'innovation technologique est apparu. Les technologies résultantes : « Hadoo » et « MapReduce » répondent à ce besoin naissant. **Hadoop** est conçu pour traiter des données en parallèle - (technologie de calcul apporté par « MapReduce »). Le calcul en parallèle, lorsqu'on cite « Hadoop », englobe deux technologies :

- Un système (HDFS) permettant de distribuer les données de manière à améliorer les traitements
- Un moteur de requête associé (MapReduce) permettant de développer des modèles et des applications telle que : la classification de documents, le tri de données, la traduction automatisée

Qu'est-ce que le HDFS ?

Le HDFS répartit les données et effectue des traitements de manières plus efficaces grâce à ce qu'on appelle le calcul en parallèle « Parallel Computing » qui permet de répartir les différentes procédures liées au traitement et ainsi améliorer les performances globales de calcul. Pour obtenir un ordre de grandeur, des traitements qui prenaient jusqu'à 18 heures prennent, à présent, jusqu'à 5 minutes.

MapReduce a été initialement développé par Google comme un modèle de programmation dans le but de répondre à leur besoin de traiter un grand nombre de données réparties sur plusieurs **« nœuds »**. Cette technologie permet le calcul en parallèle de **« proche en proche »** afin d'optimiser les traitements par rapport à du calcul en parallèle plus classique.

Quelques exemples d'utilisation :

- « Data Mining »
- Construction d'index
- Identification de « Spam »
- Classification de documents

Il ne faut pas opposer le Hadoop (NoSQL) et Hadoop (SQL), mais plutôt les compléter. Par exemple Hadoop se fonde sur une base de données « Hbase » qui est une base de données « NoSQL ». Là où le NoSQL est efficace en ligne et permet l'accès en temps réel afin d'analyser de manière interactive l'information circulante. Hadoop est efficace pour le traitement par lot à grande échelle d'un très grand nombre de données.

La question n'est pas de faire une sélection entre ces différentes technologies, mais plutôt, de définir quel champ d'action doit être affecté à chacune d'entre elles afin d'optimiser au mieux leur fonctionnement. Le désavantage premier est l'effort administratif supplémentaire lié à l'éventuelle duplication des outils ou des données sur ces deux silos exécutant la technologie « NoSQL » d'un côté et « SQL » de l'autre. Par exemple, la combinaison de la technologie « NoSQL » afin de « requêter » les données de types transactionnelles, ou sensorielles provenant des échanges de données « M2M » - Machine To machine avec l'utilisation du SQL pour la régulation de fraude, des analyses à grandes échelles variées.

Yarn (Plateforme de gestion de « clusteurs ») — Extension « Hadoop »

Yarn a été développé afin de réduire les limites d'« Hadoop » et de répondre au besoin naissant des utilisateurs. Cette extension étend les capacités initiales d'« Hadoop ». Son utilisation principale est la mise en place de modèles exécutant des applications de traitements de données en temps réel.

Des solutions commerciales diffusées par des entreprises comme Cloudera, HortonWorks, MapR et d'autres revendeurs, se basant sur « Hadoop », offrent un support non négligeable dans l'implémentation et la gestion de ces outils pour permettre au mieux de choisir les outils adéquats.

Quelques exemples de problématiques liées aux infrastructures et aux architectures ?

- Quelles technologies doivent être intégrées à la plateforme (compatibilité) ?
- L'analyse en temps réel ou le stockage en mémoire est-il nécessaire ?
- Quelles des interfaces et des modèles sont à développer ?
- Quels sont les composants essentiels à ne pas omettre ?
- Solution "All-in-one" v. Solution personnalisée
- « Cloud » v. « On-premise » ?

Il y a d'autres éléments faisant partie des choix cruciaux quant au bon fonctionnement de l'architecture informatique dans sa globalité, mais qui possède un caractère technique qui ne sont pas appropriés à la démarche adoptée ici. Il s'agit du choix des flux de données. Il faudrait distinguer les différents types de flux, leurs méthodes de communication afin de s'assurer qu'ils répondent aux besoins liés aux données.

En ayant en amont mis l'accent sur la comptabilité des solutions, il est envisageable de personnaliser chaque « poste » métiers clés de la solution et d'opter pour des éditeurs de solutions spécialisées et limitées sur un aspect opérationnel précis. Il est également possible d'acquérir des solutions qui quantifient les temps d'exécution des différentes requêtes ou bien encore d'obtenir des solutions qui effectuent des évolutions constantes, non pas dans leur structure, mais dans leur interopérabilité avec les solutions existantes et surtout avec les outils potentiellement utiles au projet.

Recommandations :

- Sélectionner des solutions favorisant la fragmentation des offres afin de ne payer que les services utiles et non pas des fonctionnalités additionnelles qui ne feraient que ralentir le retour sur investissement
- Se renseigner sur les retours d'expériences clients
- Préférer des solutions « SaaS », mais avec un portail permettant la personnalisation des outils (ex. : SalesForce avec App Cloud)
- Préférer des solutions proposant des intégrations pour de multiples supports : « Cloud », « Mobile », « Téléphonie », « Service Mail », « Langage de programmation »

L'ultime questionnement est de s'interroger sur les limites de la solution retenue. Quelles opérations l'architecture mise en place n'est-elle pas capable de supporter ? C'est en répondant à ceci que vous serez en mesure d'anticiper les changements à venir, et ainsi d'être plus flexible quant aux modifications qui seront à apporter à votre projet.

Recommandation :

- Dresser une cartographie des données
- S'attarder sur les problématiques de stockage et de traitement
- Choisir les bases de données convenant le mieux aux données
- S'assurer que tous les « V » (caractéristiques) sont satisfaits

Comment déterminer les solutions d'analytiques avancées utilisables ?

Le futur avantage compétitif proviendra du choix des outils permettant d'accéder aux informations que les concurrents n'auront pas eu l'occasion d'observer. Cette supériorité ne s'obtient pas seulement en définissant la meilleure stratégie, mais en l'instrumentalisant de façon judicieuse et cohérente avec des outils performants.

Développer l'approche analytique

Une fois les données stockées, nettoyées, consolidées et accessibles, elles sont utilisables. Selon les besoins, différents types d'outils seront envisagés. À retenir que les modèles analytiques ne sont pas toujours destinés à être exécutés dans la « Partie Client » : Tableau de bord, Informatique Décisionnelle, outils de visualisation…

Par exemple, au sein du lac de données « Data Lake », des algorithmes d'apprentissage automatique, codés en Java, Python, R, etc., servent à la définition de modèles d'extraction de données.

L'approche analytique définit les méthodes et les techniques d'analyse que l'analyste développe pour initier sa réflexion. La résolution d'un problème fait appel à des méthodes distinctes en fonction de la nature de ce dernier, mais, in fine, est tout de même limitée par les possibilités de l'outil mis à sa disposition. Une analyse qui met en exergue, par exemple, les incohérences lors des traitements de livraison « produit » et une analyse s'attaquant à l'optimisation des ressources financières ne sont pas fondées sur la même réflexion analytique.

Définir la méthodologie adéquate ou le modèle analytique, pour chacune des hypothèses, nécessite d'explorer plusieurs pistes d'analyses. Étant donné que les facteurs affectant le choix de la méthode employée sont multiples et variés.

Un des facteurs inhérents au Big Data est la nature des données analysées. L'analyste doit, dans un premier temps, qualifier le format, la nature, et la qualité de l'information traités afin de valider la véracité de chacune des méthodes envisageables. Pour des données structurées (historiques), les problèmes sont connus. C'est en s'attaquant aux données non structurées qu'une attention toute particulière est à porter aux techniques employées.

Dans les cas où l'exploration d'un ensemble de données hétérogènes (mélange de données structurées et/ou non structurées) est possible, des procédés sont déployés afin de répondre à ce besoin de détection de tendance, d'évaluation de corrélations entre une famille de données, et d'identification de modèles. Ces nouvelles méthodes, en courante évolution, réduisent les risques d'erreurs et d'incohérence liés à ce type d'analyse.

Que ce soit, le traitement automatique du langage naturel « T.A.L » à des fins diverses comme la classification, catégorisation de documents, l'annotation sémantique, et le résumé de texte ou encore l'apprentissage statistique « Machine Learning » à des fins diverses comme la reconnaissance de caractère, l'identification de similitude, mais encore les algorithmes de tri à des fins diverses comme l'ordonnancement d'informations, la recherche par dichotomie. Ces méthodes produisent, une fois combinées avec des données historiques (structurées), des résultats significatifs et exploitables par l'utilisateur final.

Qu'est-ce qu'un modèle ?

Un modèle au sens mathématique représente une fonction se basant sur des variables et permettant d'engranger un résultat numérique. L'absence d'une de ces variables entraine une erreur du modèle qui est dans l'incapacité de délivrer un résultat.

Un modèle au sens qualitatif du terme représente une analyse logique séquentielle se basant sur des facteurs identifiés comme des « agents », ou des « faits ». L'avantage est que l'absence d'un ou plusieurs agents n'empêche pas l'algorithme de fonctionner.

Comment affiner et définir des modèles pour des données peu structurées ?

- Par comparaison : en comparant, des résultats à l'aide de paquet d'informations reconnaissables et semblables (par nature, type, format) pour valider certains modèles utilisés
- Par accumulation : en appliquant des outils statistiques classiques (moyennes, écarts-types, etc.), pour affiner les variables des modèles et trier ce qui est approprié, de ce qui ne l'est pas
- Par irrégularité : la découverte d'évènements rares et leur fréquence d'apparition, révèlent des incohérences dans les modèles et permet de cerner les limites de leurs applications. Aucun modèle analytique ne possède un champ d'application qui permet de répondre à tous les problèmes

Les méthodes traditionnelles ne deviennent pas obsolètes. Au contraire, elles sont un support et des sources supplémentaires d'analyse pour compléter les résultats provenant de ces nouveaux outils. **Il est essentiel de capitaliser à l'aide de l'ensemble du savoir à disposition.** La fusion des résultats, en provenance des données peu structurées des données structurées, est essentielle pour que l'entreprise obtienne cette vue globale des enjeux auxquels elle est confrontée.

Les types d'analyses

Après avoir contextualisé les données et défini des modèles, il faut les exploiter pour en extraire des informations afférentes. L'analyse comprend des techniques empruntées aux statistiques, comme l'apprentissage automatique et les méthodes d'optimisation, afin d'affiner des modèles dans le but de réduire les incertitudes des prévisions estimées.

1. Descriptive : que s'est-il passé ?

L'objectif de ce type d'analyse est de récapituler les évènements passés pour identifier des tendances. Basé essentiellement sur la cartographie des données — « carte statistique », ce type d'analyse permet d'exploiter des données historiques, mais aussi d'utiliser des données entrantes en temps réel. L'analyse descriptive est globale, tout en permettant une certaine granularité spatiale de l'information. Ces visualisations mettent en évidence des moyennes, des fréquences d'apparitions…

Les cas concrets sont, par exemple, l'analyse de données météorologiques, de bulletins d'information, de sondage, etc. Un autre exemple récurrent est l'évaluation des risques de crédit à l'aide de données historiques, la mise en évidence des cycles d'achat concluant sur la saisonnalité des prix. Un exemple supplémentaire est l'évaluation d'une campagne marketing sur les réseaux sociaux mettant en valeur le nombre de « like », de commentaires, de pages vues.

L'analyse descriptive, c'est l'utilisation d'informations pour décrire des occurrences passées ou actuelles.

2. Diagnostic : quelle en a été la raison ?

Très utilisée dans le domaine médical dans le but de définir des liens entre des maladies et des traitements, cette méthode définit le pourquoi et le comment. Elle cherche la causalité des faits. L'analyse diagnostic ressemble quelque peu de l'analyse descriptive, elle est utilisée également dans une stratégie « markéting » pour mettre en exergue des habitudes de consommations - faisant le lien entre une caractéristique d'un consommateur et ses pulsions d'achats.

La distinction essentielle avec l'analyse descriptive réside dans la comparaison entre les facteurs de l'évènement considéré, dans le but de définir et d'associer un « poids » à chaque variable afin de caractériser les éléments clés du résultat de l'analyse. C'est la détermination de ces facteurs qui fait la force de l'analyse diagnostique.

L'analyse diagnostique, c'est l'utilisation d'informations pour identifier les sources d'un problème donné.

3. Prédictive : qu'arrivera-t-il ? - Se baser sur le passé pour prévoir l'avenir

L'analyse prédictive se base sur des analyses statistiques dans le but de prédire « l'avenir ». Ce type d'analyse se concentre sur les résultats issus de l'analyse descriptive et diagnostique en supposant que dans des cas comparables, il est probable que ce qui est arrivé dans le passé (à condition que les mêmes circonstances soient rassemblées) à de grandes chances de se réitérer dans le futur. L'exemple peut être la prédiction de revenus futurs ; l'obtention de nouvelle part de marché, de marges opérationnelles ; de la rétention client...

L'analyse prédictive, c'est l'utilisation d'informations pour prédire un résultat futur.

4. Normative « Prescriptive » : quel(s) levier(s) sont à disposition ?

Après avoir déterminé un résultat futur grâce à l'analyse prédictive, comment est-il possible d'influencer ce dénouement ? Quels sont les facteurs inhérents à cette occurrence ? L'analyse normative est utilisée à des fins d'optimisations. À travers ces analyses basées sur des informations en temps réel (semi-réel), les entreprises veulent comprendre de quelles manières il est possible d'impacter sur des prédictions. Des exemples concrets sont les problématiques de réduction des risques opérationnels et d'optimisation des marges.

Peut-on influencer le futur ? Après avoir découvert les vulnérabilités liées à une prise de décision, comment les réduire ? L'utilisation de scénarios, et si ?« What if ? », est à la base de ce type d'analyse. Le but est d'indiquer le meilleur chemin à suivre. **C'est cette dimension adaptative à l'environnement constamment en mouvement que la plupart des entreprises tentent d'acquérir.** C'est une chance qui s'offre aux entreprises pour améliorer leur gestion à long terme.

L'analyse normative, c'est l'utilisation d'informations pour se préparer aux impacts des décisions futures.

Les organisations qui souhaitent utiliser toutes les possibilités liées au Big Data doivent s'intéresser à l'analyse dite normative. Les entreprises ont un effort à faire sur l'adoption de ces techniques d'analyse et des méthodes associées. L'exigence que requiert ce type d'analyse et la montée en compétence associée nécessitent des méthodologies complexes et des rôles spécifiques.

Quels sont les niveaux d'analyse au sein d'une organisation ?

Comment mettre en place la structure adéquate pour permettre une prise de décision effective, dans le but que ce nouveau support informatisé d'aide à la décision fonctionne de la manière la plus performante possible ?

Au sein de l'entreprise, la structure décisionnelle peut être schématisée en plusieurs étages. Chacun d'entre eux faisant référence à des compétences organisationnelles acquises. Les facteurs définissant le niveau de maturité regroupent : l'utilisation des données, la capacité d'analyse, la communication interentreprises, et d'autres éléments clés liés aux processus de prise de décision.

Niveau 1 : Archaïque

L'entreprise ne possède pas les compétences analytiques nécessaires pour exploiter les données produites par ses activités. Ceci résulte en des conceptions architecturales de mauvaise qualité, une utilisation partielle et maladroite du peu de données accessibles. Cela se matérialise par un manque de valeur ajoutée remarquable, voire même un risque d'être induit en erreur par des modèles analytiques dangereux pour le décisionnaire.

Niveau 2 : Spécifique

L'entreprise développe des solutions spécifiques correspondant à des activités opérationnelles isolées de l'ensemble de l'organisation. Il y a cependant un manque de vision globale. La solution déployée se focalise sur les données internes à l'entreprise, ce qui résulte en des résultats analytiques partiels ne permettant pas une prise de décision effective.

Niveau 3 : Généralisation partielle

L'entreprise met en place une gouvernance permettant la communication transversale au sein de l'organisation. On observe le développement de solutions et d'outils analytiques permettant de couvrir le besoin émis par chaque entité de l'entreprise. Cependant, un manque d'uniformisation et de standardisation des données entraine des progrès limités et un retour sur investissement faible. Ceci résulte en une utilisation partielle des données transactionnelles.

Niveau 4 : Alignement stratégique

L'entreprise aligne le développement des outils liés aux Mégadonnées avec la stratégie d'entreprise. L'accent est mis sur le développement d'un l'environnement adéquat à la gestion des données. Les diverses sources de données, et leurs besoins associés sont analysés et permettent une normalisation des formats utilisés. Un plan d'action assure la bonne exécution des projets déployés.

Niveau 5 : Ouverture sur l'extérieur

L'entreprise développe les nouvelles compétences nécessaires pour ingérer des sources de données externes à l'entreprise. Elle utilise des entrepôts de données permettant d'enrichir les données (transactionnelles, opérationnelles) internes de l'entreprise à l'aide de données de nature peu structurées ou non structurées. Une gouvernance est mise en place afin de saisir tous les enjeux liés au Big Data.

Niveau 6 : Approche intégrative

L'entreprise adopte une approche holistique face aux données et possède une architecture intégralement automatisée permettant d'utiliser les technologies d'analytiques avancées. L'organisation se dote une structure adaptative aux fluctuations, et lui donnant ainsi les armes pour répondre aux opportunités qui s'offrent à elle.

Niveau 7 : Intégration 360

L'entreprise communique efficacement à l'aide de tous les outils déployés. La traçabilité et l'historique des données sur l'ensemble de la chaine opérationnelle sont conservés. Le décisionnaire prend conscience des facteurs permettant d'aboutir au résultat analytique présenté. L'ensemble des acteurs de l'organisation soutient l'importance des données dans le processus de prise de décision à des fins stratégiques.

Recommandations :

- Définir les techniques d'analyse utilisées
- Établir des modèles pertinents
- Rechercher des relations entre les données
- Rechercher des tendances
- Évaluer l'analyse
- Enrichir ses données par des données provenant d'autres sources

Outils technologiques liés aux Mégadonnées

L'outil technologique est le dernier maillon de la chaine opérationnelle liée aux données qui organise la structure décisionnelle. Ces outils répondent aux besoins correspondant à tout type de décisions liées à un objectif stratégique défini au préalable. Il est nécessaire d'adopter une approche sélective en matière d'outil afin de répondre à l'ensemble des attentes.

Les outils d'analyse et de présentation sont des éléments clés pour une utilisation efficace de l'informatique décisionnelle. L'habilité des outils à restituer les informations de manière claire et concise, en mettant en évidence les diverses étapes intermédiaires et les éléments qui concourt à la restitution analytique finale est à tort négligée par les acquéreurs de ces solutions. Cette fonctionnalité est ce qui permet de juger de la qualité d'une analyse.

L'accessibilité à ces outils peut, par exemple s'opérer à travers une interface classique avec un accès direct à l'application - intégration dans un portail web. Le but de ces outils est de concentrer dans une interface commune l'information.

Quelle est la différente entre les outils traditionnels d'informatique décisionnelle et les outils liés au Big Data ? Les solutions traditionnelles analysent des sources informations, mais qui ne sont pas de nature à être issues de sources de données peu ou non structurées. Alors que les solutions liées à la thématique des Mégadonnées combinent des données historiques (transactionnelles) internes à l'entreprise avec des données capturées en temps « réel » et enrichissent le tout avec des données provenant de sources externes, dans le but de les analyser et les visualiser sur une seule et même interface utilisateur.

Quels sont les systèmes d'aide à la décision ?

Un outil d'aide à la décision représente un système informatique ayant comme rôle d'assister les décideurs dans le processus de prise de décision. Axant son utilisation, soit sur un principe de communication, soit d'analyse de données ; de documents ; ou de connaissances au sens large. Un système d'aide à la décision (SAD) permet en fonction de son champ d'action, soit d'identifier un problème et/ou de le résoudre, soit de conseiller les bonnes pratiques à exécuter, ou encore assister dans la conception de modèle analytique permettant une meilleure prise de décision.

Portail d'information d'entreprise - EIP « Enterprise Information portale »

Un portail décisionnel d'entreprise permet, comme tout portail numérique, un accès à l'information. La prolifération des multiples centres de prise de décision exige que l'information soit à la portée de tous au sein d'une organisation. Les décisions n'étant plus toutes prises par une direction imposant sa vision sur l'ensemble des opérations, mais par divers centres décisionnels

SAI (Système d'Analyse d'Information)

Un SAI regroupe, des bases de données effectuant des analyses diverses (indexations, tri, etc.), des simulateurs ; et des systèmes de tri (documents, transactions). Les supports d'analyse classique, malgré leur champ d'action restreint, ont la possibilité (et la responsabilité) d'impacter la manière d'appréhender le processus de prise de décisions.

Recommandations :

- Être lucide sur les critères impactant le résultat final et qui ont servi l'analyse
- Être attentif quant aux modèles appliqués par le système lors de la restitution des informations.

SIAD (Système informatisé d'Aide à la Décision)

Un SIAD regroupe les Systèmes experts (SE) et les systèmes de résolution à base d'étude de cas. Ces outils permettent d'assister l'utilisateur dans la définition et la délimitation des hypothèses de base (problème structurant). Il se fonde sur des données et des études statistiques. Un bon exemple de restitution est de visualiser un arbre de décision « Decision Tree » qui permet de regrouper toutes ces informations : critères, poids de chaque facteur clés, alternatives, solution optimale, résultat attendu. Par la suite, ils améliorent le pouvoir décisionnel en explicitant la démarche analytique (énonciation des critères retenus, et de leur importance respective).

Exemple de démarche :

- Structuration du problème opérationnel (utilisateur)
    - Délimitation du contexte
    - Détermination des alternatives (critères « agents », probabilités, attributs, facteurs clés)
- Construction de modèles analytiques (Utilisateurs et/ou SE autonome)
- Résolution du Problème (SE)

- Faire appel à son support de connaissances contenant le savoir spécifique théorique associé aux domaines d'expertise du problème énoncé.
- Faire appel aux caractéristiques du problème défini en amont par l'utilisateur.
- Faire appel aux modèles adéquats afin de combiner les deux sources précédentes d'informations dans le but de matérialiser un raisonnement logique aboutissant à une résultante analytique (qualitatif et/ou quantitatif).

- Anticipation des aléas future (SE)

En plus des recommandations s'appliquant aux SAIS, dans le cas où on a la possibilité d'agir sur la conception et la définition des modèles employées, il faut être conscient des canevas de modèles proposés par la solution déployée dans le but d'optimiser et d'ajuster ces modèles en fonction des spécificités liées à l'environnement (organisation, activité).

SCC (Système de Communication et de Coopération)

Un SCC regroupe les systèmes collaboratifs s'appuyant sur les Systèmes Experts et pouvant combiner des sondages participatifs au sein d'une organisation, des supports d'aide à la décision de groupe faisant intervenir de multiples participants à chaque étape du processus de décision. Ces outils communiquent de manière transversale au sein de l'organisation, mais seulement sur la bonne volonté des parties prenantes pour intervenir en tant qu'expert aux différents niveaux du processus.

Par exemple, un système d'aide à la décision partagée axé sur la coopération dispose d'une interface collaborative permettant de partager des documents. Il permet la communication au sein d'un groupe restreint.

Exemple de démarche :

- Remue-méninge collaboratif
- Sélection des meilleures idées
- Planification des tâches au sein de l'équipe d'expert
- Délimitation du champ d'action de chaque participant
- Communication (Chat, Visioconférence, Message privé...)
- Démarche classique d'un SIAD (chaque étape à l'intention de l'utilisateur est ainsi réalisée en collaboration)

Le travail en collaboration n'a pas de limite, que ce soit d'un point de vue tant quantitatif que qualitatif. Il est bon de connaitre les démarcations de la solution et de la granularité à adopter par rapport au nombre de participants à insérer dans le processus de prise de décision et en fonction à leur niveau d'implication à chaque étape du processus.

Les logiciels de prise de décision sont-ils un réel avantage pour le décisionnaire ?

Peut-on créer des outils permettant de générer en temps réel des réponses à tous les problèmes opérationnelles et stratégiques auquel fait face le décisionnaire ? La prise de décision est-elle un processus complètement mesurable et quantifiable ou fait-elle plus largement appel à notre perception du monde (sensation, expérience, etc.) ? La cognition est le cœur de notre différenciation. C'est ce qui a l'origine de notre subjectivité - manifestation de notre incapacité à exprimer la complexité de l'objectivité des évènements. En se fondant sur cette hypothèse, un SE peut sans doute assister au diagnostic médical, par exemple, « Watson de IBM ». Voire assisté dans l'administration d'un traitement. Mais en ce qui concerne des scénarios tels que les « What if ? » ; l'histoire actuelle démontre que le problème réside dans la limitation de l'homme à construire un système permettant de parer à toutes les éventualités possibles liées à un évènement déclencheur.

Quel choix pour un outil d'aide à la décision ?

Comment choisir un système d'aide à la décision ? Sur quels critères doit-on se fonder pour être sûr de combler, une fois encore, l'ensemble des besoins ? Doit-on prendre des solutions spécifiques pour chaque activité stratégique ou privilégier des solutions globales pour favoriser la conduite du changement et l'acceptation des évolutions par les utilisateurs finaux ? Quel est l'outil permettant d'améliorer les prises de décisions tout en minimisant les couts liés à l'apport d'informations de qualité ?

Critère d'évaluation

Des critères d'évaluations doivent représenter l'ensemble des thématiques tout en mettant en exergue les limitations liées à chacune d'entre elles. Chaque critère s'appuie sur une fonctionnalité du logiciel ou de l'outil, ou bien sur ces capacités intrinsèques.

Accessibilité

Ce critère regroupe plusieurs notions. Ce n'est pas seulement la facilité d'usage. D'après l'« ISO 9241 », l'accessibilité représente la manière dont un outil est employé par un utilisateur précis dans le but d'atteindre un certain objectif, avec une certaine efficacité, une certaine efficience, tout en conservant un taux de satisfaction défini.

Il existe 5 thématiques qui permettent de résumer les questions en termes d'accessibilité :

- **Efficacité** : L'outil délivre-t-il le résultat attendu ?
- **Efficience** : L'outil est-il rapide dans l'exécution des tâches ?
- **Ergonomie** : L'outil est-il confortable à utiliser ?
- **Tolérance** : Quel est le taux d'erreur, d'aléas et de messages d'alertes ?
- **Apprentissage (Pédagogie)** : l'outil est-il facile à prendre en main ?

Comment évaluer ces 5 thématiques ?

Efficacité : notion qualitative

- Précision du résultat attendu, etc.

Efficience : notion quantitative

- Temps, nombre de cliques nécessaires, etc.
- Ressources déployées
- Rapidité de performance

Ergonomie : notion qualitative

- Satisfaction d'utilisateurs, facilité d'usage, retour d'expérience, etc.

Tolérance : notion quantitative

- Nombre d'erreurs dans un scénario donné, etc.

Apprentissage : notion qualitative et quantitative

- Le logiciel est-il fourni avec des manuels d'instructions, des interfaces d'aides, des « Moocs »
- Quelle est la qualité de chacun de ces livrables et supports ?

L'accessibilité signifie réfléchir à l'expérience utilisateur, au processus, et au résultat attendu. Il est possible de mettre en avant d'autres critères d'évaluations. Les 3 types de systèmes explicités dans la partie précédente ne regroupent pas forcément l'ensemble des critères qui sont listés ci-après :

Fonctionnalité :

- Sécurité : cryptage, etc.
- Interopérabilité : format, source, etc.
- Pertinence : domaine d'application (universalité), etc.
- Portabilité : plateformes, adaptabilité, etc.
- Couverture : modèles, analyses, visuels, incertitudes, etc.

Fiabilité :

- Maturité : version, nombre de clients, mises à jour disponibles et fréquence, etc.
- Disponibilité : nombre d'utilisateurs, nombre de tâches, etc.
- Testabilité : détection, taux de localisation, etc.
- Stabilité : taux d'erreurs, support de la charge variable, etc.
- Maintenance : sauvegardes, mesures d'urgence, s. a. v., etc.

Coût :

- Acquisition : prix, mode de licence, stockage, etc.
- Disponibilité : maintenance, s a. v., et.
- Recouvrabilité : sauvegardes, mesures d'urgence, etc.
- Exigences : matériels, capacités, etc.

Une fois les critères permettant d'effectuer la sélection d'un système d'aide à la décision assimilé, il est nécessaire d'entamer un processus de décision pour effectuer la sélection d'un de ces systèmes. Le logigramme conceptuel ci-dessous résume le processus de décision permettant de retenir un de ces outils.

1. Délimiter le contexte ;
2. Définir les processus nécessaires (besoins fonctionnels) ;
3. Énoncer les besoins organisationnels ;
4. Présélection d'outils ;
5. Évaluer les exigences requises ;
6. Sélection de l'outil retenu.

Recommandations afin d'orienter quant au choix des outils :

- Identifier les sources de données exploitées

- Saisir les points clés liés à l'analyse des données
- Envisager les modèles analytiques déployés
- Réfléchir aux processus de prise de décisions souhaités
- Identifier les domaines d'études (problématiques)
- Identifier les activités stratégiques impliquées
- Identifier les informations exigées pour résoudre les problèmes
- Prôner la transparence sur les méthodes employées pour les analyses et donnant des aperçus possibles sur les modèles employés
- S'attarder sur la véracité des données utilisées

La tâche la plus ardue est bien entendu l'appréciation des critères d'évaluation. Outre les normes « ISO/IEC » aidant à quantifier et qualifier l'accessibilité d'un logiciel, voici quelques pistes de méthodes usitées afin de produire des rapports permettant de mesurer ces critères avec précision :

- QUIM : "Quality in Use Integrated Measurement" [Seffah, Donyaee, et al. 2003]
- GMOS : "Goals, Operators, Methods, Selection r ules" [John & Kieras, 1996]
- MUSiC : "The Metrics for Usability Standards in Computing" [Bevan, 1995]
- SANe : "The Skill Acquisition Network" [Macleod, 1994]
- DRUM : "Diagnostic Recorder for Usability Measurement" [Macleod & Rengger, 1993]

Il est difficile de citer la méthode la plus judicieuse qui s'appliquera dans le plus de cas possible. La solution étant de panacher au mieux l'exhaustivité des méthodes employées en ayant une vision d'ensemble tout en faisant attention au temps qui y est consacré.

Quelques exemples d'exploitation d'un système d'analyse :

Un organisme financier peut utiliser un logiciel d'analyse de données pour évaluer le risque de crédit en utilisant des modèles (algorithmes) de régression. La première de développer puis d'appliquer des modèles pour déterminer les coefficients de régression et de corrélation linéaire associés à cette analyse statistique. Le but étant d'envisager de développer des règles d'extraction afin développer des « modèles d'associations » (comme par exemple, l'algorithme d'exploration de données de *Raseksh Agrawal* - l'algorithme « **A-priorité** »). Cela dans l'objectif d'analyser, en temps réel, des données produites par des machines et traitées directement par des machines. *On retrouve, ici l'exemple du M2M « Machine To Machine » appliquée au secteur financier*. Puis, pourquoi ne pas par la suite envisager de développer des modèles prédictifs permettant, une fois le crédit d'un client accepté, de conjecturer la matérialisation d'un risque de défaut ?

Il est risqué de définir un procédé générique permettant d'exploiter correctement des données à l'aide de ces outils d'analyses. Du fait qu'il existe une telle diversité d'entreprises proposant ces services, il est cohérent d'adopter une approche unique en fonction de la spécificité de la solution souhaitée et ceci en corrélation avec le besoin initialement exprimé et l'objectif d'utilisation de ces outils.

Quelques exemples de problématiques liées à ces systèmes :

- Comment transformer les données « brutes » en informations à valeur ajoutée ?
- Quelles sources de données doit-on combiner, et dans quels outils ?
- Quels types d'analyse sont adaptés à chaque secteur d'activité et domaine d'expertise ?
- Quelles compétences sont requises pour exploiter ces outils ?
- Comment acquérir ces compétences ?

La visualisation et l'interprétation de l'information

Une fois le logiciel approvisionné en données et les analyses effectuées l'utilisateur entame alors une approche pédagogique afin de présenter l'information délivrée de la manière la plus cohérente et compréhensible qu'il lui est permis.

Visualiser

Cette étape organise les résultats afin de représenter de la manière la plus efficace possible les informations. La visualisation a pour but de transmettre l'information en fournissant un accès aux informations clés d'un simple coup d'œil. D'ordre synthétique, cette étape permet de présenter l'ensemble des éléments clés liés à la production de l'information : « variable(s) utilisée(s), facteurs clés, attributs, valeurs finales, contexte, etc. ». Ces visuels peuvent prendre différentes formes : graphismes, tableaux, formulaire, visualisations interactives, diagrammes, cartographies d'un ensemble de données, etc.

Interpréter

Cette étape fait place à l'analyse des résultats présentés afin de prendre des décisions basées sur le jugement de décisionnaire. L'utilisateur évalue l'ensemble des possibilités et émet des suppositions fondées sur toutes les informations à disposition. Il tente de comprendre la démarche analytique ayant permis d'obtenir ce résultat, afin d'en assurer sa véracité.

Visualisation des données

Un souci perpétuel dans l'analyse est la défectuosité de la communication entre le décideur et l'analyste. Plus généralement ce problème intervient communément entre deux experts de domaines distincts.

Le visuel, lorsqu'il est réalisé de manière intelligible, synthétise un résultat analytique et assure une transmission rapide de l'information. Les experts en analyse ont une perception statistique de leur résultat et ont la caractéristique, comme tout expert, de manquer de recul pour l'étape de vulgarisation de la valeur ajoutée. D'un autre côté, les experts métiers sont tournés vers la recherche de toute connaissance à mettre en valeur et perdent de vue la notion de transversalité de ces informations.

La visualisation n'est pas qu'un outil de communication. Outre cet aspect primordial, c'est un moyen efficace pour représenter des résultats d'exploration de données de manière à identifier des tendances. La visualisation jouit d'un double intérêt. Toute visualisation se doit d'être compréhensible, dynamique et par incidence facile d'utilisation, dans le cadre de cette interactivité.

L'Homme a la faculté intrinsèque de conceptualisation de la pensée, il forme une image perceptible dans son esprit. De cette manière, il ne tente pas de schématiser avec précision et exactitude le résultat attendu, mais de manifester un raisonnement logique qui permet de valider ou d'invalider ce qu'expriment ses sens. Dans le but d'aboutir à une explication, plus ou moins viable, du problème qu'il lui est soumis.

La présentation des résultats issus de l'exploitation des données tend vers la même aspiration. Présenter de manière concise et concrète le constat naissant de l'analyse, tout en mettant l'accent sur la démarche sous-jacente de la méthode adoptée. L'utilisateur doit à travers la visualisation : **saisir, analyser, interpréter, interagir,** et **partager** l'information.

Par exemple, l'approximation liée à un résultat final peut être une valeur avec une marge acceptable tant que les « coulisses » du mécanisme en jeu sont détaillées. Le décisionnaire final sera plus enclin à s'appuyer sur un résultat qui admet une forte marge d'erreur, mais qui lui donne les moyens pour se fier à son jugement personnel en appréciant les facteurs affiliés au raisonnement ?

Les utilisateurs finaux sont des opérationnels qui n'ont pas la connaissance leur permettant de saisir la nature des méthodes analytiques employées. La visualisation doit s'adapter à son auditoire et permettre plusieurs niveaux de compréhension. Si un effort est nécessaire pour saisir l'information transmise, cela se traduit par le fait que l'information présentée est moins bien assimilée.

La visualisation peut être un support efficace pour assurer le suivi d'un projet. Ceci en l'assimilant à un moyen de communication sur le court terme par la transmission du savoir grâce aux différents outils, et sur le long terme par la conservation au fur et à mesure d'un historique des différentes étapes. Il est bon de distinguer la visualisation statique, d'une visualisation dynamique autorisant l'utilisateur à agir sur le résultat présenté. Cette interaction rend une présentation visuelle ludique et investit l'utilisateur dans le processus lié au rendu final. Le développement d'outils améliorant l'expérience utilisateur en combinant interactivité, clarté, et personnalisation du tableau du bord, ne dois pas être négligé.

L'élaboration d'une visualisation effective doit respecter certains critères essentiels, outre certains éléments permettant de créer une base pour étayer une information de manière efficace, chaque présentation devra faire preuve de personnalisation ad hoc.

Quelques exemples de personnalisation à envisager :

- Identifier bien le public, audience ;
- Quel est leur niveau de connaissance ?

- De quelles informations ont-ils besoin ?
- Personnaliser les informations ;
- Synthétiser les informations ;
- Combiner les formats de présentations ;
- Favoriser les schémas ;
- Relier l'information présentée aux problématiques auxquelles elles répondent ;
- Inclure des recommandations et des conclusions envisageables.

Les niveaux de visualisation

Quel niveau de visualisation à adopter en fonction de l'information à transmettre pour permettre une prise de décision effective ?

Niveau 1 : Indicatrice

Ce niveau correspond à l'élément principal d'un support visuel. Elle présente les indicateurs de performance « KPI » liés à l'analyse en question. Faisant appel à des graphiques de type « Smart Art », des jauges, et des échelles de notations. Cette section doit être dynamique en autorisant un système d'alerte afin de fixer des plafonds inférieurs et supérieurs dans un souci de contrôle. Cette subdivision peut mettre en évidence des processus opérationnels précis en mettant l'accent sur différents marqueurs représentés.

Niveau 2 : Multidimensionnelle

Ce niveau rajoute une segmentation en plusieurs zones distinctes. Chacune des zones faisant référence à un segment de données relatives à une information détaillée habilitant l'utilisateur à acquérir une première dimension des agents intervenant dans l'analyse.

Niveau 3 : Analytique

Ce niveau apporte une vision transactionnelle. L'utilisateur dans cette vue détaillée a accès à la « pseudocausalité » des faits. Elle donne accès à des rapports ordonnés, et à des recommandations. Ce niveau présente le contexte lié à la problématique mise en exergue.

Niveau 4 : Explicative

La dernière étape correspond à l'échelonnement et à la classification de l'ensemble des informations présentées. Elle met en valeur les objectifs de la présentation, les données exploitées, les processus utilisés, et les méthodes analytiques déployées. C'est l'étape ultime aboutissant à la « compression » de la connaissance.

Un visuel ne communique pas seulement une information, il développe une histoire. Utilisée comme tableau de bord, comme outil de présentation, ou comme simple support ; une présentation purifie une réflexion en ne conservant que les éléments cruciaux à la compréhension de la démarche analytique, pour se focaliser finalement sur les jalons clés de la réflexion.

La rétine humaine transmet des informations au cerveau avec un débit de 10 mégabits par seconde. Il y a de quoi faire... Un visuel est universel, il dépasse la barrière de la langue. Un visuel est intergénérationnel. Un visuel peut contenir en un seul support tous les niveaux de granularité nécessaire pour dépasser les contraintes du savoir de l'expert.

Porter l'attention sur les détails et sur la qualité de la présentation renforce l'engagement de l'utilisateur et améliore son jugement, ce qui découle en une meilleure prise de décision.

Recommandations :

- Délivrer des informations contextuelles
    - Statistiques et probabilités
    - Spatiales
    - Temporelles
    - Habitudes
    - Usages

- Délivrer des données prédictives
    - Rétention client
    - Taux de réussite
    - Prévisions de cout
    - Fraude

- Délivrer des informations opérationnelles
    - Corrélation entre les activités
    - Impact des « business model »
    - Aide à la prise de décision en temps réel

Recommandations globales :

- Sélectionner les plateformes et les outils comme un tout permettant de répondre au mieux à l'ensemble des problématiques
- Définir au préalable un but d'utilisation à chaque technologie
- S'assurer de la comptabilité de l'ensemble des solutions retenues
- Privilégier des fournisseurs ayant développé des partenariats et possédant un service d'intégration
- Demander des démonstrations des logiciels, et s'appuyer sur le réseau d'expert
- Être prêt à faire des concessions afin de garantir la cohérence du système global

Définir un problème ; spécifier un besoin ; sélectionner des données pertinentes ; choisir un outil d'aide à la décision ; délimiter un contexte d'étude, toutes ces étapes sont nécessaires à la mise en place d'une solution, mais ceci n'est pas suffisant. Il faut s'assurer de la bonne intégration du projet d'une telle envergure. Cela passe par un plan d'action adapté, qui sera prendre en compte les spécificités fonctionnelles et techniques relatives à de telles solutions.

Les chapitres précédents ont permis de prendre conscience des enjeux liés aux solutions de type Big Data et d'appréhender les différents compromis et décisions auxquelles il faut faire face lors de la réflexion avant l'usage.

Une organisation globale intégrant les problématiques de communication, de gouvernance, de gestion des données, et des contraintes inhérentes à ces solutions, est l'unique moyen d'assurer de livrer une solution qui répond aux attentes. Que ce soit de l'étape du management de projet à l'évaluation de l'outil déployé, chacune d'entre elles doit intégrer les spécificités d'usages. Il faut analyser les différences majeures entre la gestion de projet classique et la réactivité nécessaire de ce type de mise en place. La connaissance métier est par exemple au centre des problématiques du plan de la conduite du changement.

En raison de la pléthore de méthodes utilités pour la gestion et la planification de projet, cette partie présente synthétiquement les quelques étapes de la gestion de projet nécessitant une attention particulière. Il permet, à mon sens, de favoriser la réussite de l'implémentation de solution liée aux Mégadonnées. Ce chapitre rappelle les grands principes, d'un plan de déploiement de manières succinctes en spécifiant les points importants d'un plan d'action spécifique à ce type de projet.

LE BIG DATA… ET LA GESTION DE PROJET

LES SPÉCIFICITÉS LIÉES À L'IMPLÉMENTATION

Prévoir un plan de déploiement est indispensable lorsque plusieurs parties prenantes sont sollicitées et sont acteurs de la solution à déployer. La gestion d'un projet va prendre en compte l'ensemble des problématiques d'intégration, et celles liées à la conduite du changement, à la formation des utilisateurs, à l'accompagnant dans le temps, et tout le processus lié à la gestion des couts, des ressources, etc.

L'organisation d'un projet comporte plusieurs phases et une planification astucieuse s'articule autour des acteurs principaux interagissant avec le déploiement des solutions ou du changement en vigueur.

L'ensemble des experts du management de l'intégration s'accorde sur le fait qu'il n'y a pas qu'une seule méthode permettant la bonne gestion d'un projet. Au contraire, ils sélectionnent des « Best Practices » et des méthodologies reconnues qui permettent de guider les exécutants dans la définition des particularités du projet enjeu.

Voici une vue d'ensemble de la structure d'intégration d'un projet générique permettant de prendre connaissance tout du moins des phases majeures :

I. **Charte projet :** elle définit la conduite du projet. Cette phase consiste à livrer un document qui synthétise intégralement le contexte d'un projet et établit de façon officielle le lancement et le déploiement du « chantier ».

II. **Gestion du projet :** elle définit la méthodologie de travail et le phasage du projet. Cette phase établit la coordination, la planification et l'intégration dans sa globalité. C'est le plan de gestion de l'ouvrage qui assure la bonne exécution tout au long du déploiement jusqu'à prendre en compte, après coup, la gestion de l'utilisation de la solution par ces utilisateurs.

III. **Évaluation et Suivi :** ils servent à surveiller l'intégration, à contrôler les étapes subsidiaires et critiques, à évaluer les actions à entreprendre ; et à perfectionner ce qui se doit d'être amélioré. Cette phase mesure l'avancement du projet, tout en assurant le suivi post intégration permettant les montées en compétence et l'accumulation de savoir-faire.

Les interactions entre ces phases sont multiples et l'interactivité nécessaire pour assurer une bonne cohérence de l'ensemble est élevée.

CHARTE PROJET

Une charte projet définit les particularités du projet en question et résume l'organisation générale et la structure qui sera mise en place. Elle est la garante des décisions prises par les parties prenantes lors des choix retenus pour la mise en œuvre de la solution. Elle consigne les enjeux et les limitations du projet afin de définir le cadre et les divers processus intervenant lors de l'intégration jusqu'à l'exploitation. Une charte est un processus de groupes, un processus de management de projet. Et comme tout processus de ce type, elle est de nature intégrative. Par exemple, la charte n'est pas qu'un livrable en amont de la préparation du projet. Elle est constamment mise à jour afin de garantir une documentation tout au long de la vie du projet. Elle sert de base à des documents de synthèses ou à divers supports. Elle certifie qu'au cours des diverses phases du projet, la cohérence des conditions préalablement définies est maintenue. Elle représente le cycle de vie du projet défini les objectifs attendus.

Particularité d'une Charte SI

Concernant la partie financière, il faut adopter un point de vue orienté vers les systèmes d'information dans le but de définir des ratios reflétant les impacts du projet sur les coûts généraux de l'organisation.

En ce qui concerne la partie technologique du projet, dans le cas d'un projet informatique, il est évident que cela couvre aussi bien un point de vue fonctionnel que technique. Le volume de données à traiter, la performance de l'architecture déployée, l'ergonomie des outils installés, l'efficacité et la fiabilité des traitements mis en place, les applications, etc., tous ces moyens techniques envisagés sont un point spécifique au projet SI qui requiert une attention particulière dans la rédaction de cette charte.

Pour être plus précis, on peut s'attarder à décrire, à travers cette charte, la gestion des données par la présentation succincte des méthodologies définies pour maintenun un management des données efficientes. On peut également détailler différentes thématiques spécifiques à ces projets, telle que, la codification des éléments qui définit les protocoles d'échanges, les flux de travail, les unités de mesure, etc.

Il y a aussi les contraintes spécifiques telles que les termes d'usages de la solution et les limitations organisationnelles, techniques, fonctionnelles.

Également à considérer, les problématiques de comptabilité technologiques ou de montée de version, voire d'interaction entre les solutions qui sont à hiérarchiser et à délimiter avec minutie. Présenter le découpage fonctionnel s'appliquant au projet doit être pensé de manière à retranscrire les besoins à l'aide de schémas explicatifs tout en précisant que l'ensemble des besoins exprimés sera couvert par les solutions mises en place. Des études d'impact sur les plateformes technologiques existantes revêtent ici une grande importance.

MANAGEMENT DU PROJET

Le management du projet permet non seulement de planifier l'ensemble des tâches qui incombent les parties prenantes du projet, mais aussi de coordonner, de synthétiser toutes les étapes de l'intégration. Cette partie schématise les interactions entre les différents processus de la mise en œuvre et permet de jalonner l'exécution jusqu'à son exploitation. Ne voulant pas réinviter la roue, cette courte sous-partie ne décrit pas le processus de management d'un projet dans sa globalité : Initiation, Planification, Exécution, Évaluation et Clôture. Elle ne schématise pas non plus une vue d'ensemble du cycle de vie du projet et de l'organisation nécessaire à l'intégration d'un projet. Cependant, elle s'attarde sur des points essentiels pour les spécificités liées au déploiement de solutions relatives aux Mégadonnées comme la relation entre les méthodes de gestion itératives et le Big Data.

L'amélioration continue et le Big Data

Les entreprises qui souhaitent mettre en œuvre une politique d'amélioration continue se focalisent principalement sur les méthodes **« Six Sigma »** et sur leurs adaptations pour le domaine de l'informatique dans le cas de l'implémentation et de la maintenance d'un système d'information.

Ces méthodes se basent sur trois méthodologies distinctes :

- DMAIC : "Define—> Measure—> Analyze—> Improve—> Control"
- DMADV : "Define—> Measure—> Analyze—> Design—> Verify"
- DFSS : "Design For Six Sigmas"

Le but de cette partie n'est pas d'expliciter ces méthodologies et de mettre en avant le moyen de les intégrer dans un projet à connotation informatique. C'est essentiellement une discussion son utilité et sa pertinence pour de tels types de projets.

L'amélioration continue correspond à la mesure de la performance pour indiquer les processus qui nécessitent des améliorations et ceux qui requièrent une attention particulière. Cette mesure hiérarchise les procédés grâce à des indicateurs de performance fournissant une source d'informations pour identifier les problématiques de conception et les étapes critiques d'un projet. Basée sur des techniques statistiques et mathématiques, cette méthodologie a le potentiel de mettre en lumière les zones de dangers, les problématiques techniques ; et d'alerter de manière presque automatisée sur la présence de facteur(s) de risques.

Il est fréquent d'observer un grand taux d'échec dans l'intégration de solutions informatiques dans des organisations possédant des degrés distincts de complexité. Les causes de ces avortements de projet sont dues à cause d'éléments bien identifiés.

Ces causes peuvent être classifiées selon ces thèmes suivants :

- Une mauvaise planification
- Une faible visibilité des mécanismes en jeu
- Un manque de cohérence et d'alignement stratégique
- Des capacités sures ou sous-estimées

Il est difficile de standardiser des méthodes de résolutions en raison de leur nécessité d'être contextualisé en fonction de chaque problème auxquelles elles tentent d'apporter une solution. Ces sujets spécifiques peuvent être traités par des experts, qui fort de leurs acquis, ont la capacité de restreindre les impacts que ces différents aléas ont sur l'ensemble du projet ; mais également de mieux en maitriser leur gestion au quotidien.

Le « Lean Six Sigma »

La première thématique, cause de l'échec d'un projet à teneur informatique, est le manque d'alignement stratégique des projets implémentés. Des exemples montrent qu'il est possible de définir des méthodologies à vocation « informatique ». Il s'agit du **« Lean Six Sigmas »** (LSS) qui se focalise sur l'optimisation de la performance en se fondant sur un effort collaboratif pour remettre en cause l'utilité d'une tâche afin d'en réduire de manière systémique les pertes qui y sont associées.

C'est le fait de se baser sur des indicateurs et des données permettant de mesurer la valeur ajoutée qui permet à cette méthode de quantifier les résultats attendus tout au long des phases de conceptions d'un projet informatique et d'en améliorer ainsi son exécution. Cela résulte par un gain de cohérence globale du projet par rapport à la vision de l'entreprise.

Les avantages inhérents aux méthodes itératives

La nature répétitive de ces méthodes aide à transmettre cette volonté d'alignement stratégique du projet en question avec la stratégie initiale. Elle impose un rythme important dans le suivi des étapes d'un projet. Ces approches rigoureuses renforcent l'aspect opérationnel dès la réflexion de la mise en œuvre d'une solution. Ceci donne l'avantage de ramener à la réalité des projets à teneur technologique qui semblent parfois décorrélés des activités opérationnelles.

Ces méthodes itératives (agile, PMBoK, ITIL, Six Sigmas, LSS…) ont l'avantage de mettre l'accent sur ces différents points :

- Favoriser les prises de décisions basées sur les données
    - Améliorant la sélection des projets en phase amont
    - Assurant la définition d'objectifs réalistes

- Définir les rôles et les responsabilités basés sur des indicateurs de performance
    - Attribuant les rôles de manière précise
    - Assurant une prise de responsabilité effective

- Réduire les pertes inhérentes aux différentes phases de conception ;
    - Contribuant à une meilleure intégration
    - Se focalisant sur les étapes clés

- Évaluer de manière récurrente la bonne tenue d'un projet
    - Déployant des modèles génériques

- Fournir un aperçu des sources potentielles d'échecs
- Aligner la stratégie de l'entreprise avec les objectifs opérationnels des projets déployés

Quelles sont les limites de ces méthodologies ?

Le champ d'action de ces méthodes n'est pas absolu ; et elle ne doit pas remplacer les « Best Practices » déployées au sein d'une organisation dans le domaine de la gestion de projet. Le « LSS » permet sans aucun doute de garder l'objectif en tête et de se focaliser sur le résultat attendu.

Ces méthodes ont le défaut certain d'être très consommateur en temps. Elles imposent aux équipes dédiées d'être formées à ces méthodes et d'en effectuer le suivi régulier. Définir les indicateurs permettant d'appliquer ces méthodologies est aussi une autre paire de manches ! L'utilisation de ces méthodes nécessite, au vu de leur complexité, une assimilation parfaite afin d'en assurer l'efficacité. Dans le cas où ces méthodes ne seraient pas appliquées correctement, l'effet pervers pourrait être très vite ressenti.

De plus, afin de mieux refléter la réalité, un département informatique doit être décomposé en plusieurs activités distinctes.

Cette idée peut se résumer selon ces subdivisions internes suivantes :

- Le département du « back-office » (approvisionnement, facturation, contrôle, comptabilité…)
- Le département du « front-office » (services et prostrations, gestion de projet, maintenance…)

Les pratiques d'amélioration continue ont de grandes chances de contribuer de manière vertueuse concernant la partie du « back-office » en raison de sa nature standardisée. Cependant, en ce qui concerne la partie du « front-office » en raison d'un environnement évolutif et beaucoup moins structuré, l'on aura vite tendance à retrouver les travers associés à la mise en place de telles méthodologies.

Synthèse architecturale

C'est une synthèse de l'organisation générale de la solution retenue. Cette étape consiste à définir l'organisation générale des travaux à effectuer afin de s'assurer de la corrélation des différents « objets ». Elle contrôle que l'ensemble des besoins fonctionnels ont été transcrits d'une manière technique et organisationnelle.

Expliciter l'architecture technique et fonctionnelle

Pour chaque activité, il est nécessaire d'élaborer une solution spécifique et adaptée. Cette solution peut nécessiter une organisation et/ou des processus différents de ceux utilisés pour d'autres objets, mais elle doit, tout même, s'appuyer sur les orientations définies de façon plus globale.

Cette architecture définit les différentes possibilités offertes pour traiter le problème enjeu. **L'architecture** précise les grands thèmes qui composent l'environnement technique ainsi que les différentes options possibles sur chacun des thèmes.

La restitution présente des schémas décrivant les différentes alternatives en termes d'architectures envisageables. Puis une explicitation des différentes solutions pesant, le pour et le contre, de chacune d'entre elles.

Cette reconstitution recouvre :

- La stratégie technique adoptée
- Les principes de fonctionnement
- Les démarches spécifiques à chaque thématique
- La présentation des procédés : le choix des outils de traitement et les différentes fonctions de ces outils.
- Cette partie est essentiellement applicative et est à considérer comme une étape de synthèse permettant de transcrire, en partie, l'ensemble du projet sous la forme la plus schématique possible.

Décrire les processus techniques et les outils déployés

Cette étape consiste, entre autres, à définir, de façon exhaustive les processus et activités de chaque fichier et/ou groupe de données fonctionnellement cohérentes.

Les objectifs de cette partie sont de :

- Mettre en exergue les principes et processus mis en œuvre
- Expliciter les échanges de données
- S'assurer que l'ensemble des informations nécessaires pour répondre au besoin de cette thématique soit bien décrit
- Les différents processus seront détaillés.
- Les moyens techniques couvrent la présentation de l'outillage et des environnements mis à disposition
- Récolter les points critiques à sa bonne exécution

Cette partie contiendra les éléments suivants :

- Périmètre des processus déployés
  - Périmètre général
  - Principe utilisé
  - Différents types de processus
  - Catégorie des traitements

- Échanges de données
  - Schéma des échanges
  - Types de flux

- Méthodes employées
- Outils mis en œuvre
  - Types d'outils
  - Principales fonctionnalités
  - Spécificités et prérequis
- Séquence d'exécution des processus

Évaluation et Contrôle

L'évaluation s'intéresse aux aspects critiques d'une solution. Elle envisage la mesure et la gradation de la performance souhaitée. Les concepteurs et les futurs utilisateurs expriment à travers cet examen approfondi la possibilité de valoriser l'ensemble du projet tout au long de son cycle de vie.

Mettre place un système d'évaluation et de contrôle, automatisé ou non, n'est pas évident et nécessite une organisation conséquente. Les processus utilisés font appel à des connaissances variées que ce soit d'un point de vue métier et/ou technique.

Le contrôle doit s'appuyer sur chaque étape de la solution, mais aussi se positionner en fonction de chaque futur profil d'utilisateur intervenant sur les outils mis à disposition.

Le choix des critères d'évaluation est primordial pour refléter l'ensemble des processus, et parallèlement, pour exprimer les sources éventuelles de risques.

Diagnostic de la solution retenue

Il est d'usage de faire un diagnostic préventif de la solution envisagée. Cette étape est indispensable bien avant le contrôle de l'intégration du projet. Ce cadrage met en lumière de nouvelles perspectives en prenant comme référentiel non pas la problématique qui a permis d'établir la solution, mais à l'inverse, il se focalise sur les résultats attendus afin de valider que chaque composant de la solution répond aux caractéristiques désirées. Ceci dans le but de conclure sur la nécessité ou non d'adapter le cadre conceptuel du projet.

Il y a 3 thématiques essentielles regroupant l'ensemble du cadrage :

- Conception (design, communication, robustesse…)
- Cohérence (technique, fonctionnelle, opérationnelle)
- Variété (processus, procédé d'utilisation, champ d'action…)

Ces 3 thématiques sont applicables sur l'ensemble des outils technologiques à choisir :

- Infrastructure
- Plateforme - gestionnaire de données (système de stockage)
- Applications, logiciels…

Analyse de la performance

Ce diagnostic passe par une analyse de performance qui lors de phase de conception de dimensionne les caractéristiques attendues du système selon le cahier des charges. Cela permet de remarquer pour un système existant s'il est sous-dimensionné ou surdimensionné et d'initier des actions correctives. Quantifier des performances est un examen délicat ; une analyse ingénieuse conditionne la retenue ou non de certains éléments composant la solution finale. Cette étude, pour être au plus proche de la réalité, doit inclure les relatives évolutions temporelles de la solution. Il faut définir des indicateurs de performance spécifique.

Ces indicateurs ne sont pas seulement le moyen de quantifier un résultat attendu, mais ils permettent aussi de diagnostiquer la solution en s'assurant qu'elle comble l'ensemble des besoins. Ces indicateurs de performances (« KPIs » - Key Performance Indicator) représentent l'efficacité fonctionnelle correspond à la possibilité de l'outil de répondre aux besoins en termes de fonctionnalités pour lesquelles il a été choisi.

Cette étape fournit la possibilité de vérifier que la formulation de la solution de type Big Data reste en adéquation avec la stratégie de l'entreprise. Elle relie d'une manière concrète les besoins en données, et tous les « objets » associés : infrastructures, architectures, technologies d'analytiques avancées, et les besoins opérationnels. Telle est la vocation d'une analyse de performance.

Quelques exemples d'indicateurs :

- Nombre d'utilisateurs acceptables
- Taux de maintenance nécessaire

- Cout de la maintenance du système
- Cout total de licences liées à la solution
- Ressources nécessaires au déploiement (humaines, financières, technologiques, etc.)
- Pourcentage du parc informatique à remplacer
- Possibilité d'amélioration sur la durée
- Quantifier la montée en compétence nécessaire
- Possibilités en termes de compte rendu analytique
- Langage informatique disponible (SQL, R, Java, Python, etc.)
- Cycle de vie d'utilisation
- Taux de charge impacté sur l'infrastructure
- Temps de réponse envisagé
- Plateforme de déploiement
- Outils de développement
- Pourcentage de dépenses consacrées à chaque composant du système par rapport à l'ensemble de l'architecture fonctionnelle
- Sécurité de l'ensemble fonctionnel
- Pourcentage des nouveaux outils envisagés « recyclables » en cas d'échec

Analyse de l'intégration

Outre la « gestion de l'intégration » qui suit en continue la phase d'implémentation. Quels peuvent être les enseignements à tirer de la mise en place des outils déployés ? Quelles sont les méthodes à retenir ? Quels acteurs ont directement bénéficié de cette intégration ? Les personnes responsables sont-elles été à la hauteur de l'enjeu ? Les plannings ont-ils été respectés ? Le délai de mise en production de la solution a-t-il été significatif ? Il y a-t-il eu des facteurs qui n'ont pas été prise en compte, en amont, lors du cadrage de l'ensemble du projet. S'agit-il d'un souci d'intégrateur (conseil externe), d'équipe dédiée, de secteur de marché, de culture de l'entreprise ?

Les ressources déployées (humaines et financières) ont-elles été suffisantes ? La communication intra-entreprise a-t-elle été effective ? Le budget a-t-il été respecté ? Quel est le taux global de réussite du projet ? S'il fallait recommencer, quels seraient les changements à intégrer ?

Les questions à ce sujet sont sempiternelles. C'est pour cela que lors de cet exercice de remise en question, il faut apprécier l'opportunité d'en retirer un apprentissage sur le plan organisationnel qui ne se résume pas seulement à l'amélioration des processus de gestion axée sur un résultat final, mais concerne parallèlement l'ensemble des compétences appropriées à ce type de déploiement.

Quelques thématiques à évaluer :

- La gestion du planning
- Les priorités du projet et si elles ont été respectées
- Les décisions prises et leurs mises en œuvre
- L'engagement des équipes dédiées et des intégrateurs
- Le soutien des fournisseurs de logiciel
- Le volontarisme des futurs utilisateurs et/ou usagers et/ou clients
- L'évaluation préliminaire des besoins
- L'analyse préalable de la solution à déployer
- La rapidité d'adaptation et de réponse aux aléas
- Le cout de l'intégration
- L'investissement de la part des différentes parties prenantes
- Le respect de la charte initiale
- La conformité aux attentes
- Le pourcentage de spécifique (de développement) par rapport aux standards
- La fiabilité finale du système
- Le rôle de chacun des acteurs avant et après intégration
- L'utilisation de méthodes spécifiques : « Scrum, Lean, Kanban, Six Sigma… »
- Le temps dédié à chacune des phases du projet
- Les tests effectués : Qualité, Fréquence, Communication, Itération…
- Les programmes de formation et de conduite du changement
- La communication interne et externe à l'organisation : plan stratégique communiqué aux partenaires, employés, fournisseurs.
- L'intégration d'une vision au long terme dans le choix des systèmes à intégrer

Évaluation des alternatives éventuelles

Afin de parer aux incertitudes et aux échecs, il est bon de réfléchir à des solutions alternatives. Ceci même après le début de l'intégration.

Si on s'attarde sur les alternatives en termes de techniques d'analyse, il a une pléiade de modèles disponibles pour effectuer les différents types de traitements. Chaque méthode analytique présente ces avantages, ces biais, ces concessions, et son champ d'action préférentiel. De manière équivalente, en fonction des scénarios et des besoins du projet, l'horizon des possibilités va évoluer.

Recommandations :

- Chercher à évoluer au lieu de repartir sans cesse de zéro
- Évaluer les alternatives liées à :
    - La mise en place de la solution fonctionnelle
    - Les fournisseurs de services
    - Les problématiques métiers
    - Les utilisateurs
    - L'intégrateur
    - Les sources de données identifiées
    - Le marché, les consommateurs ciblés.

Quels sont les facteurs clés de succès du déploiement d'une stratégie Big Data ?

Comment gagner en efficacité ? Comment améliorer la valeur ajoutée du projet ? Comment s'assurer d'une mise en œuvre astucieuse ? Quel agencement organisationnel peut créer un environnement qui convient à l'insertion et au développement de ces nouvelles technologiques ? Établir des facteurs de succès à chaque étape de l'implémentation de la solution va permettre de confirmer les différents besoins et d'affirmer que la solution dans son ensemble permet d'atteindre les enjeux fixés au départ. Être flexible et adaptatif, sont les maitres mots de toute stratégie.

La combinaison d'une stratégie émergente et d'une démarche classique plus hiérarchique permet de concilier ce besoin d'expérimentations tout en intégrant les décisions prises par rapport à la stratégie dans absoluité.

Le fonctionnement par « tâtonnement » est le meilleur moyen de définir en amont les besoins spécifiques de ce type de déploiement. Cette démarche itérative ne doit pas se matérialiser par un temps de latence (« Time To Market ») accru. Il faut plutôt favoriser cette approche itérative avec des niveaux de granularité spécifique permettant au travers de projets pilotes d'envisager toutes les possibilités pour en atténuer les effets pervers.

Développer l'environnement adéquat à l'utilisation des données

L'avènement des données de masse exige de créer un environnement participatif et prônant une communication transverse entre les diverses activités de l'entreprise. Il ne faut pas négliger le temps passé à définir un cadrage stratégique pendant la phase de conception et de l'étude des solutions envisageables. La transparence de l'utilisation des données contribue à aligner les diverses unités opérationnelles. Le Big Data n'a fait que renforcer les politiques d'entreprise prônant que le client est roi : « Client First ». La relation client est l'absolue priorité. L'un des enjeux premiers consiste à impliquer l'ensemble des parties prenantes « sachantes » qui peuvent apporter un point de vue supplémentaire quant aux méthodes employées et aux démarches prévues. La création d'équipes qui intègrent des connaissances diverses et des compétences transverses permet de soutenir et de garantir la cohérence l'ensemble du processus décisionnel.

Développer l'environnement adéquat à la gestion des données

Cette exigence de gestion des données est inhérente aux projets liés aux « Mégadonnées ». C'est la nécessité de conjuguer ces différentes sources de données qui impose une standardisation ; le « MDM » est plus un concept qu'une solution en elle-même. Un centre « MDM » met en avant le fait de mettre l'accent sur la cohérence des sources de données.

La gestion des données de référence — « MDM »

Le « Master data Management » assure la standardisation et la traçabilité des données de référence de l'entreprise. « Le Master Data Management » est un projet en soi dont la finalité dépasse la constitution de la base décisionnelle.

Quelles sont les caractéristiques clés à favoriser pour assurer une architecture optimale ?

Flexibilité (Adaptabilité)

Il faut construire une architecture comme un « Puzzle ». Il faut introduire une notion de modularité. Cependant lorsque le nombre de modules nécessaires à la conception s'accroit, la qualité des interactions diminue. Corrélativement, les délais d'exécution se voient impacter.

À contrario, réduire le nombre de modules pour se tourner vers de solutions « tout-en-un » accroit l'inertie du système et même si cela semble stable de par sa structure, la perte de valeur sur le long terme face aux changements et au caractère évolutif lié aux Mégadonnées peut s'avérer conséquente. Est-il possible de construire un environnement complexe, mais qui reste prévisible afin de conserver une stabilité entre les divers outils ?

Adaptativité

Cette notion se réfère à l'aptitude de répondre au besoin, et à des contraintes changeantes en fonction de types de données à traiter. C'est le fait d'adapter des paramètres tels que : la puissance de calcul nécessaire, la quantité de stockage, la vitesse de traitement…

Sécurité

L'accès aux outils, la communication entre les modules, et la communication externe doivent être le cheval de bataille quand on s'attaque à la conception d'une solution liée aux Mégadonnées.

Fiabilité

La Fiabilité d'un système est sa capacité à délivrer une performance constante et des résultats cohérents sur la durée. Cette notion fait également référence à l'intégrité du système vis-à-vis de la sécurité des données et aux notions de maintenance.

Efficacité

L'efficacité d'un système permet de délivrer l'information désirée. C'est la cohérence entre le besoin exprimé et le résultat demandé. Il faut prendre en compte la notion d'écart.

Disponibilité

La disponibilité du système et des outils d'analyses mises en place pour les utilisateurs de ces solutions est un élément critique à ne pas omettre. Cette dernière notion aura un fort impact sur l'infrastructure.

Effectuer un projet pilote

Malgré la mise en place d'un environnement propice à l'intégration d'une solution de type Big Data, l'implémentation d'un projet de cette ampleur se révèle plus complexe qu'il n'y parait. Les freins à l'exécution de ce type de projet peuvent être réduits en utilisant des projets pilotes. D'après une étude du « BCG », plus la taille des projets d'intégration informatique est grande, plus les chances d'échecs sont élevées. *93 % des projets de plus de 10 millions de dollars seraient un échec, contre 27 % pour des projets inférieurs à 0,75 million de dollars.*

Dans le cas de projet avec une taille critique, la notion d'agilité et d'engagement de la part des parties prenantes sont deux conditions nécessaires pour l'aboutissement de ces projets. La validation des conditions théoriques par l'implémentation de projet pilote afin de satisfaire aux exigences concrètes de la stratégie mise en œuvre en est la première étape.

Les retours des projets pilotes permettent aux décisionnaires de déterminer avec plus de précision les ajustements pour adapter la théorie à la réalité.

Les projets pilotes permettent d'investir de façon progressive. Un projet pilote possède l'avantage de mettre l'accent sur les problèmes qui auraient pu être omis lors de la phase de réflexion. Ces projets tests réduisent le risque lié à l'investissement. C'est un moyen prudent d'appréhender l'ampleur du changement qui s'annonce et de communiquer efficacement aux futurs utilisateurs en les intégrant dans le processus de réflexion pour définir au mieux les nouvelles pratiques à standardiser. Dès lors, c'est un moyen d'élargir la notion transverse indispensable à ce type de projet.

Un projet pilote met en avant les facteurs déterminants à une mise en œuvre agile. C'est par l'identification de ces critères que la validité de la solution théorique est remise en cause, et cela permet d'effectuer les ajustements nécessaires. Ces projets pilotes invitent à remettre en question des décisions, qui de prime abord paraissaient sages, mais s'avèrent d'une utilité questionnable. C'est en cela que l'établissement de projet pilote est d'une forte utilité.

Voici quelques questions concernant les projets pilotes :

- Qui utilise mes données ?
- Quel(s) indicateur de performance du processus ?
- À chaque étape du processus, combien d'utilisateurs ?
- Quelle est la fréquence d'utilisation ?
- La solution répond-elle réellement au besoin exprimé ?
- Quelles sont les leçons à retirer de l'exécution de ces projets ?
- Quel sujet aurait pu être traité différemment ?

Prendre le temps de comparer la théorie à la réalité par des mesures pratiques permet de confirmer que les résultats extraits sont cohérents avec ceux souhaités. Dans le but de rapidement identifier les zones d'ombres, les problèmes en amont des projets, et d'établir une stratégie adaptative afin d'obtenir la solution finale la plus optimale possible.

Lister les meilleures pratiques d'exécution et les projets similaires

Malgré un secteur en forte mutation constante. Les entreprises gagnent en expériences et combinent ce qu'on nomme dans le jargon anglais des « Best Practices ». Elles identifient les meilleures pratiques ou solutions d'intégration qui ont le plus de chance d'aboutir de manière efficiente. Ces pratiques possèdent un historique de succès et rassure une organisation sur la l'optimisation du retour sur investissement en améliorant le processus de mise en œuvre.

Cependant, il n'y a aucune garantie que les techniques appliquées dans un autre secteur d'activité voir dans un autre domaine soient applicables à tout type de problématique. Voire même l'utilisation d'une même série de « Best Practices » d'une entreprise similaire n'assure pas la réussite du projet.

Chaque organisation se transforme constamment, et les techniques d'hier, identifiées comme de bonnes pratiques, ne sont pas celles de demain. Il est préférable d'identifier une entreprise apparentée par son profil et sa structure, et ayant implémenté des projets similaires au sien pour ensuite en analyser les raisons de la réussite ou de l'échec de cette dernière dans la constitution d'une solution Big Data.

Qu'est-ce qui distingue les entreprises qui ont réussi ?

Elles ont développé une vision orientée « Client First ». Elles focalisent le déploiement d'une solution lié à une stratégie d'amélioration de l'engagement des usagers. Une telle orientation doit avoir un impact sur les parties prenantes externes de l'organisation et non pas seulement sur les processus interentreprises. Elles favorisent l'utilisation des Mégadonnées pour la recherche opérationnelle. Elles insistent sur l'alignement de sa vision au long terme avec ses domaines d'activités stratégiques.

S'appuyer sur les professionnels du secteur

Il est incontournable de capitaliser sur l'expérience des développeurs de solutions des entreprises de services d'intégration des systèmes qui ont accumulé une lucidité quant à la réalisation de ces projets.

Ces entreprises peuvent accompagner durant toutes les phases d'analyse et aider à définir les choix en termes de solution(s) technologique(s). Ce sont des assistants permettant d'y associer des formations aux divers outils, mais également un soutien en continu tout au long de la vie d'un projet pour rester à l'écoute du marché et des diverses opportunités futures liées aux évolutions constantes de ce secteur.

Ces entreprises accompagnent sur l'analyse des besoins, l'identification et l'évaluation des facteurs dominants. La bonne conduite d'un projet est une priorité, et c'est en combinant des spécialistes et des équipes projet internes, formées à ce type de thématique, que la conception et la mise en œuvre des architectures logicielles et des outils déployés peuvent se faire sans tourment.

Les facteurs décrits ci-dessus aideront à améliorer les chances de réussite des projets afin de rivaliser dans un environnement de plus en plus concurrentiel et nécessitant une adaptation constante.

Le Big Data n'est pas seulement réservé aux grands groupes, et toute entreprise, quel que soit sa taille, peut trouver dans le marché actuel des solutions adaptées sa structure et pouvant répondre à ses besoins et aux défis qui se dressent face à elle.

DE L'EXPLOITATION À L'USAGE...
LE PROCESSUS DE PRISE DE DÉCISION

L'exploitation des données correspond à la matérialisation d'un patrimoine (parfois intangible) qu'une organisation a su produire et formaliser au travers de ses activités.

Lors de l'utilisation des outils, il faut se focaliser sur ces aspects opérationnels. De la collecte à l'enrichissement, de la contextualisation à la visualisation, le procédé de mise en valeur de l'information détenue par les données doit se concentrer essentiellement sur la valeur ajoutée potentielle : « une prise de décision plus efficiente ».

Les données récoltées n'ont aucune valeur si les procédés adéquats ne sont pas déployés au moment opportun.

La chaine de valeur ci-dessous permet de montrer que les données vont transiter au travers de 4 grands processus : la découverte, le stockage, l'intégration, et l'exploitation de ces données.

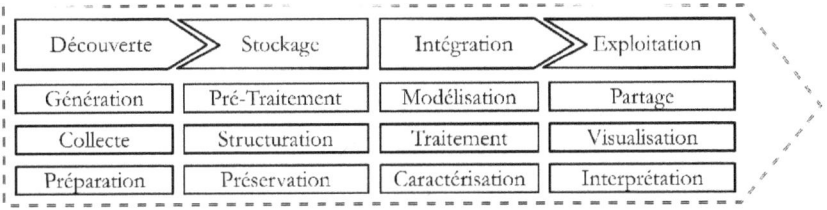

« Chaine de valeur des données »

Les décisionnaires, qu'ils soient eux-mêmes collecteurs, modeleurs, ou parties prenantes, organisent l'environnement quotidien des données de manière à accorder le maximum d'importance à l'étude du contexte dans lequel ces données évoluent.

Le processus décisionnel assisté par un système d'aide à la décision s'organise autour d'un partage des rôles et se construit de telle sorte que chaque membre prenant part au processus de collecte jusqu'à la mise en valeur de l'information contribue à l'objectif commun d'éclairer au mieux les décideurs finaux.

Chaque étape reflète une inférence nécessaire. Les assertions envisagées comme vraies sont affinées puis validées ou invalidées à chaque étape suivante. Cette itération entraine des rétroactions quand cela s'avèrera nécessaire. La pertinence des hypothèses et leur habilité à refléter parfaitement l'environnement interne comme externe seront le facteur prédominant permettant une amélioration du processus général de prise de décision. Les résultats qui en découlent sont une mine d'information transférable à tous les niveaux de l'organisation.

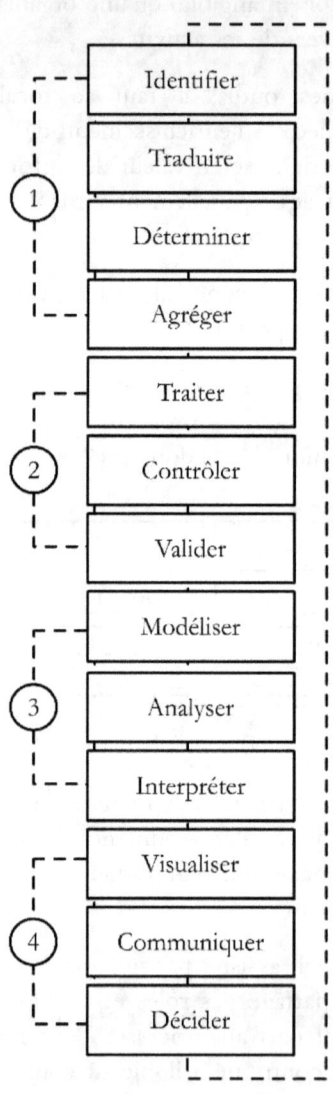

« Processus d'exploitation de la solution »

Identifier des problématiques — Formuler des hypothèses

Cette étape a été décrite dans la première partie du chapitre 2.

Traduire un problème opérationnel en recherche de données

Cette étape a également été détaillée lors des chapitres précédents. Elle transcrit le fait qu'il faut effectuer des analogies entre la problématique opérationnelle soulevée et les données produites qui sont utiles à la résolution de ce problème ou des hypothèses émises. Il est envisageable d'explorer des données produites sans avoir au préalable défini une problématique ou délimiter un contexte. Cette étape devient, dès lors, superfétatoire.

Déterminer les sources d'informations

Une fois le problème transcrit, la personne responsable procède à une identification des sources de données et des données requises, et à une revue de la nature et du type des données récoltées. Si nécessaire, il faudra ajuster les hypothèses préalables en cas d'un manque de quantité de données exploitables. L'autre solution est de rechercher des sources de données plus exotiques afin de répondre à l'ensemble du besoin exprimé.

Si le problème requiert l'utilisation de données externes à l'entreprise, il faut s'assurer au mieux de la véracité des données et préserver au maximum l'intégrité de l'entreprise.

Agréger et unifier les données

Cette phase conjugue les données provenant de sources discrètes et les centralise dans un espace de stockage — lac de données « Data Lake ». Il est possible lors du confinement de ces données dans ce même espace de stockage d'y effectuer des traitements primaires afin de s'assurer de la cohérence rudimentaire des données agrégées.

Traiter : « Nettoyage, Enrichissement, Indexation et Contextualisation »

Cette étape suggère diverses opérations telles que l'enrichissement, le nettoyage, le contrôle, la contextualisation, l'indexation, etc.

Contrôler et Charger les données

Cette étape consiste, dans un premier temps, à effectuer un contrôle technique et fonctionnel des données via des outils prévus à cet effet. Il est critique de capturer le contexte dans lequel les données ont été agrégées. L'essentiel de ce conditionnement a pour objectif de structurer l'ensemble comme un tout cohérent et d'harmoniser les données non structurées, structurées, semi-structurées afin qu'elle puisse être mise à disposition d'une interface cliente (exemple : « Data Mart ») pour, par la suite, en tirer parti.

Les différentes étapes de contrôles des données sont réparties de bout en bout des processus pour permettre de :

- Déclencher les contrôles adaptés
- Résorber progressivement l'ensemble des anomalies potentiellement liées aux données
- Contrôler si le passage à chaque étape suivante nécessite des opérations de correction puis de validations intermédiaires

Valider les traitements et les données chargées

Cette étape consiste à vérifier que les données qui ont été chargées sont fonctionnellement correctes. Lors de cette étape, la validation des traitements a pour objectif d'assurer la conformité aux spécifications des outils déployés.

La validation peut intervenir à différents niveaux :

- À la source, il conviendra de s'assurer que :
  - Les données identifiées sont stockées dans les formats attendus
  - Les données identifiées respectent les règles de gestion spécifiées

- Après extraction, il conviendra de s'assurer que :
  - L'exhaustivité des données attendues a bien été atteinte
  - Le format des données extraites est bien celui attendu
  - La cohérence des données extraites a bien été respectée

- Après les traitements de contrôle, il conviendra de s'assurer que :
  - Les transformations (nettoyage, enrichissement, etc.) attendues ont été effectuées
  - La transcodification attendue a été effectuée

- Dans des tables de traitement, il conviendra de s'assurer que :
  - Les données incorrectes et/ou incohérentes ont été rejetées
  - Les enregistrements correspondant à des données corrigées et traitées ont été archivés ou supprimés

- Dans le « Data Lake », il conviendra de s'assurer que :
  - L'exhaustivité des données attendues a été conservée
  - Le format des données intégrées dans est celui attendu
  - La cohérence des données intégrées a été respectée
  - Les transformations attendues ont été effectuées
  - Les données incorrectes et/ou incohérentes ont bien été rejetées
  - Les données recyclées ont bien été corrigées et traitées
  - La solution fonctionne comme prévu avec les données souhaitées

Modéliser et construire des modèles analytiques

Lors de cette phase, les algorithmes sont au centre du problème. Cette étape nécessite de la part de l'utilisateur de définir les modèles analytiques (algorithmes) qui sont employés. Il possède le choix d'utiliser des modèles par défaut, fournis par des logiciels ; il peut également s'appuyer sur des modèles connus et tenter de les adapter au mieux à la nature de son problème. Il peut développer ses propres algorithmes et logigrammes. Un modèle analytique peut être représenté par des lignes de code, ou par des schémas logiques permettant à un utilisateur n'ayant pas des compétences de programmation, mais ayant de fortes capacités d'analyses d'être acteur à cette étape de mise en valeur des données en y apportant son savoir personnel (compétence métier).

Exploiter les données

À cette étape, il faut définir les paramètres d'analyses qui seront appliquées. C'est à cette étape que les hypothèses sont testées. C'est au cours de cette phase que les variables d'ajustement sont à définir. Il faut contextualiser l'ensemble des données en les comparant, en détectant des interdépendances.

L'utilisation de diagramme, de graphes, de tout outil qui permet une mise en perspective de l'information est utile. Il faut itérer ces processus en opérant des scénarios divers, en modifiant les variables initiales, jusqu'à que les exigences définies au préalable soient validées.

Évaluer et interpréter les résultats

Dans quelle mesure les analyses effectuées sont-elles pertinentes ? Il faut, déterminer l'importance des paramètres retenus ; évaluer et extraire des informations à valeur ajoutée. ; rechercher la signification des résultats obtenus. Quel est le taux d'incertitude des résultats ? Les résultats obtenus sont-ils vraisemblables ? L'appréciation des résultats nécessite la considération de l'ensemble des étapes d'analyse sans en omettre l'objectif de départ.

Présenter et communiquer les résultats

Une présentation effective doit permettre au décideur de déchiffrer les résultats et d'en extraire les indicateurs qui lui permettent de le convaincre que la décision qu'il est sur le point de prendre est la plus cohérente. Une représentation visuelle répond à tous ces besoins et donne un accès direct aux éléments essentiels de l'analyse en les rendant compréhensibles par le plus grand nombre.

Ne pas oublier de mettre en avant des interfaces interactives, claires et contextualisées adoptant une approche métier et mettant en corrélation les résultats extraits par rapport aux besoins métiers. Il faut construire un historique des différentes analyses entreprises. Le décideur doit pouvoir juger par lui-même de la valeur quantitative et qualitative de chaque variable utilisée.

Prendre des décisions éclairées : « la résolution du problème »

Cette étape soutient le décisionnaire dans l'évaluation d'une situation pour aboutir à une prescription. Cette phase, mal exécutée, peut annihiler tous les efforts et les ressources déployés précédents. Quels que soient les moyens employés pour permettre au décideur d'étayer son raisonnement, il doit faire face à lui-même quant au verdict final. Les biais cognitifs qui interviennent au cours du processus de prises de décision ne sont pas neutralisés grâce à l'apport des Mégadonnées. Ils sont simplement altérés.

Il n'est pas question ici de débattre de l'ajustement positif ou négatif des Mégadonnées sur la cognition, mais d'alerter l'utilisateur ou le décideur final qu'une adaptation (formation par l'usage) est nécessaire pour appréhender les changements dus au maniement des Mégadonnées.

En fin de compte, cette dernière étape revient à traduire de nouveau les données en solution à la problématique opérationnelle initiale. C'est la raison pour laquelle **la reconstitution** des démarches d'analyses et la conservation d'une traçabilité des données jusqu'en bout de chaine de valeur **sont primordiale**s. Le décideur doit avoir accès à travers ces supports à chaque étape du cycle de vie des données.

Les tâches qui incombent un analyste ou un « Data Scientist » ne comprennent pas toutes celles-ci dessus. Par exemple, les étapes de contrôle et de traitement des données dans le lac des données sont automatisées - opérées par des scripts préalablement écrits.

Quelles sont les compétences clés pour favoriser une utilisation judicieuse ?

Informatique

Les Mégadonnées font appel à de vastes compétences en informatique. Que ce soit des notions de cultures générales des architectures telles que celles liées au « Cloud », aux bases de données ou bien des compétences clés telles que la programmation d'algorithme, la création de modèles, et de solide compréhension des langages : Java, SQL…

Analyse

Déterminer la pertinence des données et arriver à décrypter quels sont les éléments clés et les critères sur lesquelles l'utilisateur doit baser ces expérimentations est cruciale. Cette compétence mêle informatique et analytique, car le but est de définir des liens logiques entre les jeux de données afin d'y adosser des modèles. Cette phase nécessite la manipulation d'outils d'analyse tels que SAS, Oracle, IBM.

Statistique

Acquérir une forte compétence dans le domaine des statistiques (R, Python, Rubis…) est essentiel à l'étape de la modélisation puis de la visualisation des données.

Communication

Quel que soit le rôle, des compétences de communication sont utiles. Communiquée de façon claire et précise afin de transmettre une information, de la manière la plus concise possible améliore fortement les chances d'obtenir une nette valeur ajoutée.

Acquérir de fortes compétences en communication orale, écrite, et arriver à transmettre de façon visuelle et synthétique une information résultant d'un traitement complexe facilite grandement la confiance que l'on peut accorder aux données et la valeur des informations extraites.

Communiquer sur les facteurs intervenants lors de la définition des modèles employée et exposer les risques encourus liés aux analyses sont plus essentiel que le résultat. Expliciter les démarches employées permet de démystifier l'utilisation des Mégadonnées.

Créativité

La créativité n'est pas à sous-estimer. Le but est d'obtenir un avantage concurrentiel par différenciation. La solution la plus adéquate est d'arriver à dénicher l'information unique qui permet de garantir cette compétitivité et cette différence. Appliquer des modèles classiques, suivre des méthodologies standardisées n'est pas la solution la plus judicieuse. Le nerf de la guerre est l'accès à la donnée. Une fois que l'accès aux données n'est plus une source de différenciation pour les entreprises, le seul moyen de se distinguer, c'est par la modélisation et par les choix en termes d'interprétation. Avec l'émergence des données non structurées, ce besoin de créativité ne fait que se renforcer. L'interprétation des données est à l'origine de la future valeur ajoutée résultante.

Une vision transverse

Les utilisateurs de ces outils d'analyses avancées doivent acquérir une vision globale des objectifs. Ils doivent acquérir une compréhension de chaque processus interne de l'entreprise et comprendre les interactions entre les diverses activités. Ils doivent acquérir une vision macroscopique des activités de l'organisation, tout comme une idée précise des facteurs influençant les procédés mis en jeu.

Bilan opérationnel

Il ne faut pas oublier que l'analyse opérationnelle à ses limites, car elle ne permet que d'introduire des critères de performance qui se baseront sur des observations. Il faut s'intéresser à l'analyse de performance lors de la phase d'exploitation pour réfléchir aux méthodes d'optimisation du système déployé, et pour étudier le système sous certaines conditions critiques et finalement de pouvoir étudier les possibilités d'évolution.

Les données sont le centre névralgique, mais leur exploitation est, comme toute opération, perfectible. Il faut se rappeler qu'une modélisation implique des contingences diverses. L'analyse des pratiques employées est essentielle pour améliorer la performance.

Analyse de l'usage

Cet examen décrit l'utilisation de la solution adoptée par l'organisation. Cette approche exprime l'aspect comportemental de l'utilisateur, les contraintes d'usage ; la qualité des applications des outils, les taux et fréquence d'utilisations, etc. Le but est d'identifier au mieux les possibilités de perfectionnements, les activités d'utilisations devant subir un ajustement, et les tâches suscitant des régulations.

Est-il possible d'envisager comme pour une analyse de performance des indicateurs de performance spécifique à l'usage ?

Quelques idées de « KPI(s) » :

- Nombre d'utilisateurs par activité/métier/rôle utilisant la solution
- Pourcentage d'activités opérationnelles supportées par la solution
- Quantité d'incidents détectés
- Mesure du temps passé sur chaque étape (agrégation de données, modélisation…)
- Fréquence d'utilisation des outils déployés
- Retour sur investissement par thématique, enjeux, problématiques
- Pourcentage de satisfaction de la part des utilisateurs, usagers, clients…
- Pourcentage d'acceptation de la solution
- Nombre de plaintes quant au fonctionnement de l'outil
- Temps de réponse de l'assistance technique
- Taux d'utilisation des supports d'aide de l'outil
- Taux de conversion : agrégation de donnée à la prise de décision
- Pourcentage de décision prise à l'aide/à partir du système déployé
- Pourcentage des fonctionnalités disponibles utilisées
- Pourcentage d'erreurs relevées par requête
- Temps de résolution des erreurs
- Disponibilité du portail d'information de l'entreprise, du service mobilité…

Gestion au quotidien

Il est grand temps de tirer des conclusions de l'utilisation de la solution déployée. Le principe de rétroaction « Feedback » s'exprime par le besoin d'obtenir un retour d'expérience. Le « Feedback » reflète un outil de mesure permettant un suivi de la performance. Ce mécanisme est un moyen d'obtenir des informations sur les actions entreprises afin d'opérer des ajustements.

Par exemple, l'utilisation des outils technologiques a débuté et les équipes engagées travaillant sur ces nouveaux outils remontent déjà des retours positifs sur le fait que cela a permis de réduire le temps consacré à analyser les données, et à en retirer des informations pertinentes. Ils affirment que cela se manifestera d'ici peu dans les résultats opérationnels des activités de l'entreprise.

Cependant, le temps passe, et aucun résultat souhaité ne se matérialise. Les décideurs (par activité, par secteur, etc.) ne sont pas aptes à manier les outils misent en place, in fine, pour appuyer leur conclusion et leur divers arbitrage quotidiens. Les comités exécutifs de l'entreprise n'ont pas confiance dans les présentations exposées. La solution ne tient pas ses promesses quant à la possibilité d'analyser en « temps réels » les flux de données de transactions financières. Le constat est fait de l'inefficacité de la plupart des démarches entreprises gravitant autour de la thématique des Mégadonnées.

Ces retours d'expériences rapportent des informations provenant du terrain et donnent la possibilité d'en tirer des conclusions. Faut-il encore savoir que faire de ces informations ? Comment en retirer une valeur ajoutée ? Faut-il effectuer des retours d'expérience par domaine d'activité ? Par branche métier ?

On peut imaginer par exemple de circonscrire les prélèvements d'information à portée quantitative et qualitative par des contributions contextuelles se référençant soit, à un périmètre métier, soit à une population cible, soit à un audimat précis ou encore à une thématique spécifique. Ou bien encore de définir les différentes méthodes de collecte d'informations quantitatives et qualitatives en favorisant les démarches qui permettent de décrire les problèmes constatés, puis de symboliser les différents points de vue des usagers afin d'évaluer les différentes perspectives et de déterminer des actions à implémenter.

Il est utile de s'appuyer sur les systèmes déployés qui offrent cette possibilité de produire des statistiques sur l'utilisation au quotidien. Ces outils permettent de qualifier des retours d'expérience qui peuvent rendre compte de l'usage des outils. Les Mégadonnées offrent cet avantage de rendre ces tâches quotidiennes de contrôle et de suivi plus aisées.

Cette capacité de rassembler des informations afin de tester et d'agir en conséquence est l'essence de ce qui définit la raison d'être de ces solutions. C'est en mettant en perspective les possibilités d'utilisations de ces systèmes qu'il est possible de se rendre compte des multiples valeurs ajoutées que de telles solutions peuvent apporter. La seule limite est l'imagination de l'utilisateur.

Par exemple, on peut envisager de rassembler les données produites par l'utilisation de ces systèmes pour ces mécanismes de « Feedback »et ainsi offrir au « manager » une meilleure visibilité sur la performance de ses services offrant ainsi de nouveaux leviers pour améliorer sa capacité d'ajustement par rapport aux changements.

Recommandations :

- Identifier des possibilités de création de valeur supplémentaire
- Développer des modèles permettant d'exploiter les résultats des analyses
- Planifier les évolutions des outils déployées : requalification des systèmes

CONCLUSION

Les solutions Big Data sont en constante mutation et leur maturité est loin d'être atteinte. Le facteur primordial est l'agilité d'adaptation de la solution et de son efficacité à supporter les évolutions diverses.

La mise en place de ce type de projet nécessite l'adoption d'une approche intégrative qui harmonise les différentes méthodes qui se développent au fil du temps. La flexibilité est essentielle, car elle permet d'améliorer, et surtout de conserver constamment l'accès à l'information qui est le nerf de la guerre. "As a general rule, the most successful man in life is the man who has the best information." Benjamin Disraeli—British Prime Minister (1804–1881).

Les Mégadonnées offrent la possibilité en tant qu'individu de mieux comprendre dans son ensemble l'environnement dans lequel évolue un système. C'est l'outil qui permet cette vue d'ensemble de ces « acteurs ». Le Big Data représente une (r)évolution dans le sens ou cette technologie permet d'être conscient des facteurs contextuels auxquelles fait face une organisation.

Ces procédés ne représentent pas une technologie qui va supplanter l'humain dans les processus de prise de décision ou dans les phases d'interprétation. Au contraire, ils agissent comme un support pour s'appuyer sur des faits plutôt que seulement sur sa propre intuition. L'apport des Mégadonnées alimente l'innovation et la créativité au sein des organisations.

La transformation numérique à l'aide des Mégadonnées apporte un moyen supplémentaire d'être compétitif et permet de prétendre d'être compétitif même à l'international et d'étendre ses activités actuelles. La révolution des Mégadonnées prend son temps et le gain potentiel de productivité associé verra le jour sur le long terme. Son impact positif n'en est qu'a son début. Le Big Data permet d'intégrer des automatismes non visibles à l'œil nu.

Les Mégadonnées nécessitent un environnement adapté. Évidemment le nerf de la guerre est la donnée, mais il ne faut pas oublier que ces outils ne sont pas encore (malheureusement) des intelligences artificielles, et donc le vrai nerf de la guerre est l'humain. L'humain qui est la première faille de sécurité, l'humain qui mal **(in)formé** est la première source d'erreur. L'humain qui représente le décisionnaire définitif ayant la possibilité d'ignorer complètement la valeur ajoutée latente suite à l'exploitation des données.

Ainsi, Le Big Data nécessite une structure organisationnelle adaptée, des technologies précises (infrastructure, architecture, outils, méthode d'analyses, etc.), un alignement stratégique, un investissement conséquent, mais l'humain reste le centre névralgique.

Au long terme, l'organisation doit capitaliser sur des ressources humaines et sur une conduite du changement, par la formation, pour intégrer l'utilisation récurrente des données dans toutes les étapes de l'entreprise ; de l'étape d'analyse, à la réflexion, à la prise de décision. L'utilisation des données pour un décisionnaire permet une réactivité accrue. Démocratiser l'utilisation des données par les utilisateurs est la dernière étape cruciale d'un plan d'exécution. Souvent négligée, l'assimilation des outils liée au changement n'est pas une tâche facile et se doit d'être conduite avec justesse.

Le Big Data est d'ores et déjà présent et actif. De nombreux acteurs en exploitent ses multiples possibilités. Effectivement le taux d'échec est plus qu'élevé. Toute action comporte des risques, et certaine plus que d'autres. La seule question dans cette relation entre le rendement et le risque est de pousser continuellement le rendement vers le haut et le risque vers le bas. Ce qui permet définir le Big Data aujourd'hui n'englobe que la moitié des possibilités de demain. Sur le long terme, seuls les individus qui garderont une originalité et une valeur ajoutée dans la manière de traiter eux-mêmes leurs données acquièrent un avantage compétitif.

À chaque instant de nouvelles idées émergent afin d'utiliser ces outils technologiques et toutes ces données produites dans le but d'optimiser au maximum les cycles de production, de réduire les couts structurels, de résoudre des problématiques liées à la volumétrie des données, de connaitre au mieux les clients et les consommateurs de ses produits.

Une des thématiques majeures reste bien entendu l'intelligence artificielle et le concept d'ubiquité technologique. L'ubiquité représente le fait de rendre omniprésente l'utilisation et la présence des technologies sans que cela n'interfère avec l'environnement de l'homme. C'est la dissolution de la technologie et une intégration absolue et universelle de l'informatique. C'est le pouvoir d'être partout et nulle part à la fois.

Le Big Data permet de pallier à cette crainte d'un futur incertain. Dans cette période perturbée due à la mondialisation croissante de l'ensemble des activités et des services, il faut faire face à des bouleversements inéluctables. Nous vivons dans un monde instable où les risques sont permanents. Les théoriciens des dernières décennies tentent avec difficulté de définir l'incertitude, et de cerner la complexité des relations qui prennent part entre les différents systèmes qui interagissent de manière directe et indirecte.

C'est pour cette raison que les Mégadonnées sont au centre de toutes les attentions. Une grande majorité place en elles l'espoir de résoudre l'incertain, de prédire le futur, d'améliorer la perception globale du monde qui nous entoure, et par-dessous de comprendre les interactions entre les acteurs du changement.

Les Mégadonnées prônent les thématiques des stratégies dites « émergentes ». Un plan stratégique qui prend forme au fil de l'eau, qui est la composition d'actions planifiées et de réaction aux aléas quotidiens, qui respecte une vision globale définie en amont. Ainsi, que ce soit à des fins stratégiques pour obtenir l'avantage compétitif tant recherché, à des fins de recherche, et de compréhension du monde qui nous entoure, ou bien encore personnelles, l'utilisation des données de masse nous apporte de nouvelles perspectives qui vaillent la peine d'être étudiées.

DIX RECOMMANDATIONS AFIN DE PARTAGER, COLLABORER ET PRENDRE DES DÉCISIONS GRÂCE AUX DONNÉES.

1. Lors de la réflexion initiale, toujours garder en tête l'objectif à long terme
2. Aligner sa stratégie de transformation numérique avec la vision de l'entreprise
3. Intégrer l'ensemble des opérations, des processus, et des activités cohérentes (synergie potentielle)
4. Mettre en place une conduite du changement dès les prémices de la solution
5. Formuler des hypothèses basées sur l'environnement interne aux opérations comme externes à l'organisation tenant compte des besoins des parties prenantes dans son ensemble : Dirigeants, Actionnaires, Employés, Clients, Fournisseurs, Concurrents…
6. Offrir des outils technologiques qui soient : Flexibles, Adaptatifs et Viables dans la durée
7. Incorporer l'amélioration continue dans ses opérations
8. Focaliser ses efforts sur les projets apportant la valeur ajoutée globale la plus élevée (impact sur l'ensemble des opérations et non sur une activité en particulier)
9. Se focaliser sur la pertinence des informations délivrées pour réduire l'incertitude et à fortiori les risques
10. « Keep It Simple, Stupid »

BIBLIOGRAPHIE

Abbott, D. (2014). Applied Predictive Analytics: Principles and Techniques for the Professional Data Analyst. John Wiley & Sons.

An, I. M. D. (2015). Digital Vortex.

Barlow, M. (2013). *Real-time big data analytics: emerging architecture.* "O'Reilly Media, Inc."

Bizer, C., Boncz, P., Brodie, M. L., & Erling, O. (2012). The meaningful use of big data: four perspectives—four challenges. ACM SIGMOD Record, 40 (4), 56–60.

Chen, H., Chiang, R. H., & Storey, V. C. (2012). Business Intelligence and Analytics: From Big Data to Big Impact. MIS quarterly, 36 (4), 1165–1188.

Das, T. K., & Teng, B. S. (1999). Cognitive biases and strategic decision processes: An integrative perspective. Journal of Management Studies,36 (6), 757–778.

Davenport, T. H., & Prusak, L. (1997). Information ecology: Mastering the information and knowledge environment. Oxford University Press. Chicago

Dean, J. (2014). *Big data, data mining, and machine learning: value creation for business leaders and practitioners.* John Wiley & Sons.

Delort, P. (2015). Le big data. Presses universitaires de France.

Dong, X. L., & Srivastava, D. (2013, April). Big data integration. In Data Engineering (ICDE), 2013 IEEE 29th International Conference on (pp. 1245–1248). IEEE.

Feinleib, D. (2014). The big data landscape. In *Big Data Bootcamp* (pp. 15–34). Ypres.

Hurwitz, J., Nugent, A., Halper, F. & Kaufman, M. (2013). *Big data for dummies.* John Wiley & Sons.

Karoui, M., Devauchelle, G., & Dudezert, A. (2013). Systèmes d'Information et prise de décision à l'ère du Big Data : le cas d'une entreprise française du bâtiment. In *18 Conférence internationale de l'Association Information et Management* (p. 17).

Korte, R. F. (2003). Biases in decision making and implications for human resource development. Advances in Developing Human Resources, 5 (4), 440–457.

Kudyba, S. (2014). *Big data, mining, and analytics: components of strategic decision making*. CRC Press.

LaValle, S., Lesser, E., Shockley, R., Hopkins, M. S., & Kruschwitz, N. (2011). Big data, analytics and the path from insights to value. MIT sloan management review, 52 (2), 21.

Lyles, M. A., & Thomas, H. (1988). Strategic problem formulation: biases and assumptions embedded in alternative decision-making models. Journal of Management Studies, 25 (2), 131–145.

Manyika, J., Chui, M., Bughin, J., Dobbs, R., Bisson, P., & Marrs, A. (2013). Disruptive technologies: Advances that will transform life, business, and the global economy (Vol. 12). New York: McKinsey Global Institute.

Mayer-Schönberger, V., & Cukier, K. (2013). Big data: A revolution that will transform how we live, work, and think. Houghton Mifflin Harcourt.

Minelli, M., Chambers, M., & Dhiraj, A. (2012). Big data, big analytics: emerging business intelligence and analytic trends for today's businesses. John Wiley & Sons.

Mohanty, S., Jagadeesh, M. & Srivatsa, H. (2013). *Big Data imperatives: enterprise Big Data warehouse, BI implementations and analytics*. Ypres.

Moussa, R. (2005). Systèmes de Gestion de Bases de données réparties & Mécanismes de Répartition avec Oracle.

Mustajoki, J., & Marttunen, M. (2013). Comparison of multi-criteria decision analytical software. Finnish Environment Institute.

Oppermann, R., & Reiterer, H. (1997). Software evaluation using the 9241 evaluator. Behaviour & Information Technology, 16 (4–5), 232–245.

Sawant, N. & Shah, H. (2013). Big Data Application Architecture Q&A: A Problem-Solution Approach. Ypres.

Schmarzo, B. (2013). Big Data: Understanding how data powers big business. John Wiley & Sons.

Sharda, R. & Voß, S. (2011). Annals of Information Systems.

Siegel, E. (2013). Predictive analytics: The power to predict who will click, buy, lie, or die. John Wiley & Sons.

Warden, P. (2011). *Big data glossary*. O'Reilly Media, Inc

www.ingramcontent.com/pod-product-compliance
Lightning Source LLC
Chambersburg PA
CBHW070323190526
45169CB00005B/1716